東大卒、じいちゃんの田んぼを継ぐ

米利休
Komenorikyu

廃業寸前
ギリギリ農家の
人生を賭けた
挑戦

KADOKAWA

はじめに

はじめまして。米利休と申します。

このたびは、数あるなかから本書をお手に取っていただき、ありがとうございます。

僕は1998年、山形県川西町に生まれました。幼い頃は絵を描くのが大好きで、将来の夢はパンダ。そんな少年は小学生の頃、勉強に目覚め、高等専門学校に入学しました。その後、先生の勧めもあって東京大学へ編入したものの、将来に悩み、大学院進学も就職もしないまま、山形へ戻りました。

久しぶりに戻った実家では、じいちゃんがひとりで米をつくっていました。すっかり年を取ってしまったじいちゃんは、体力が低下し、60年続けてきた米づくりを引退する時期が近づいていました。追い討ちをかけるように発覚したのは、米をつくればつくるほど増える借金で廃業危機にあること。このままじいちゃんが引退することになれば、数十年受け継がれてきた米づくりが途絶えてしまうことになります。それほど残念なことはありません。

「じいちゃんの米を守りたい」。その一心で、僕は農業を継ぐことを決めました。

本書は僕・米利休が、実家の農業を立て直して、地元規模でこれから先も続けられる、つまり「稼げる」農業を実現するためのさまざまなチャレンジをまとめたものです。SNSでは発信できないことや、これまでの過去の話も盛り込むことで、SNSでは見られない部分に触れていただけるよう努めました。

僕がどのようにして壁を乗り越えてきたのか、もしくは乗り越えていこうとしているのかを知っていただくことで、日本の農業に少しでも良い影響を与えることができたらと思っています。とはいえ、読者の皆様に僕の考え方を強要するものではありません。本書に記したことは、あくまで僕個人の人生観・生き方・考え方であり、正解もあれば不正解もあると思っています。

世の中で目立つ人は2種類います。それは「すごいことをした（＝すごい人）」と、「行動が変わっている（＝珍しい人）」です。僕は後者。すごいことをした人間ではなく、一般的な生き方では見えてこない生き方をしている普通の人です。でも、着実に思い描いている幸せに近づいています。そんな少し変わった他人の人生をのぞいてみようと、小説を読むような感覚で読み進めていただけたらと思います。

目次 CONTENTS

第3章 農業への挑戦

デザイン　前田師秀（東京100ミリバールスタジオ）
イラスト　コルシカ
校　　正　鷗来堂
編集協力　森永祐子
編　　集　加藤なつみ（KADOKAWA）

第1章 農家にならないための努力

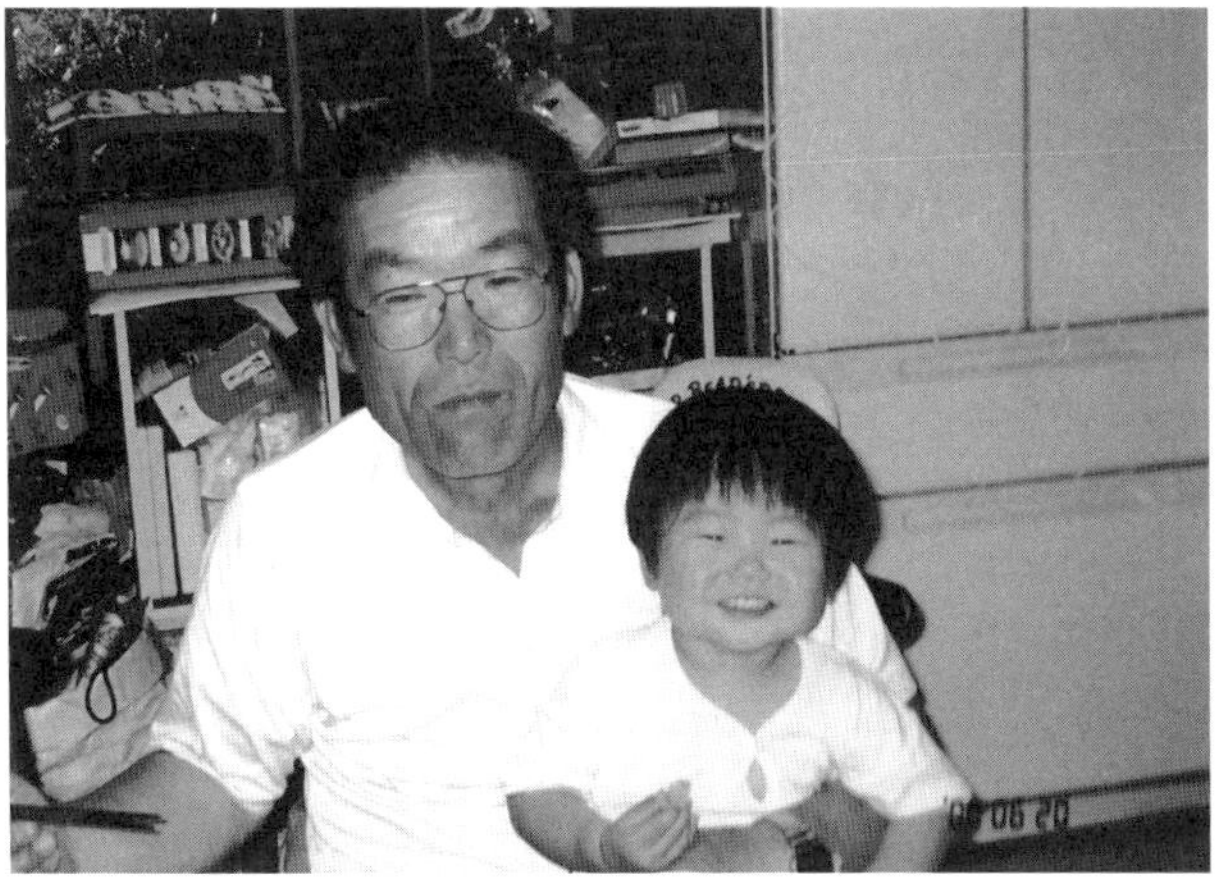

若かりし日のじいちゃんと１歳の僕

今の僕を形づくった祖父母からの惜しみない愛情

僕が米農家になることを決意したきっかけであるじいちゃん、そしてばあちゃん。ふたりは小さい頃から僕や弟のことを、とてもかわいがってくれました。いろいろなところに連れて行ってくれたり、いろいろなものを買ってくれたり。今、思い返してみても、僕たちのために本当に多くの時間を費やしてくれたと感じています。

それはきっと、専業農家だったじいちゃんとばあちゃんが、共働きだった両親に比べて時間の融通が利いたから。土日は父も母も仕事が休みだったし、夕飯はいつも家族全員で食卓を囲んでいたので、決して両親と過ごす時間が少なかったわけではありません。じいちゃんやばあちゃんは平日も家にいる時間が比較的長かったので、その分、僕や弟と過ごす時間が多かったのだと思います。

なかでも記憶に残っているのは、夏になると、夜にじいちゃんと弟と3人でカブトムシを捕りに行ったこと。僕が暮らしているのは田舎なので、山のほうへ車を30～40分ほど走らせれば、いくらでもつかまえることができたのです。カブトムシが大好きだった僕は、毎日のように「カブトムシ捕りに行こうよ！」とじいちゃんにせがんでは連れて行ってもらいました。

また父の弟、僕にとってのおじさんが神奈川県に住んでいます。ちなみに、おじさんは僕が高等専門学校（以下、高専）の存在を知り、のちに進学するきっかけになった人でもあります。最低でも年に1回は、じいちゃん、ばあちゃん、弟と4人で一緒に、泊まりがけで遊びに行っていたことも思い出に残っています。当時の僕にとって、都会に行くというのがとにかくうれしくて、ショッピングモールで買い物をするのが一番の楽しみでした。

じいちゃんもばあちゃんも、僕や弟にいろいろなものを買ってくれました。ゲーム機、ゲームソフト、カードゲームのカード。でも、それ以上に、一緒にたくさんの時間を過ごしてくれたことのほうが記憶に残っていて、愛情をかけてもらったという印象が強いです。

そう思うのは、じいちゃんやばあちゃんとたくさん会話をしたという記憶が濃いからかもしれません。ふたりとも、たくさん話しかけてくれました。例えば、学校から帰ってくると、「今日の学校はどうだった？」という具合に声を掛けてくれるので、その日にあったことをよく話したものです。

ばあちゃんはとても優しい人でした。小学生の頃の僕はとても臆病で、ひとりで寝られない時期がありました。そんなとき、僕がいつも「一緒に寝て」と頼ったのは、両親でもじいちゃんでもなく、ばあちゃん。僕のなかで一番お願いしやすい相手だったのだと思います。実際に、ばあちゃんは嫌な顔ひとつせず、僕の部屋へ来てくれました。

そんなばあちゃんは僕が中学生のときに亡くなったのですが、いまだに後悔していることがひとつだけあります。

ばあちゃんは、がんで亡くなったのですが、僕はばあちゃんが入院するまで、病気だったこと、そしてがんが進行していることを知りませんでした。それまで毎日のように田んぼや畑で作業したり、台所に立って料理をしたりしていたのに、あるときから急に動けなくなり、横になったり座ったりしていることのほうが多くなりました。今思えば病気でつらかったからなのですが、その様子を目にした僕は、働き者のばあちゃんが怠けているようにしか思えませんでした。そして、実際にどう言ったのかはよく覚えていないのですが、「最近のばあちゃんはだらしないよね」といったニュアンスの言葉を掛けてしまったのです。

このとき、すでにがんと診断されていたのか、いまだに僕はわかっていないのですが、そこから一気に体調が悪化したばあちゃんは入院することになり、そして会話もほとんど交わさないまま、天国へ旅立ちました。なぜ、あんな言葉を掛けてしまったのか、本当に申し訳ない気持ちは今も消えません。

　ばあちゃんがいなくなった後、じいちゃんは目に見えて落ち込んだような感じではなかったのですが、やっぱり気持ちは沈んでいたと思います。ばあちゃんは明るい性格だったので、いなくなってしまったことで、じいちゃんが話すことはグンと減ったように思います。僕が大学を卒業して山形に戻ってからは、「長生きしても仕方ない」と言うのを聞いたこともあります。

　そんなじいちゃんは、話すのが苦手なようです。僕が米農家を志し、ありがたいことに取材を受けるようになってからも、「俺はしゃべれないからいい」と言います。やっぱり、一番の話し相手であるばあちゃんの存在は、じいちゃんにとって大きかったのだと思います。

農家にはならない！
周りに勝つことが自分の価値を決めると勘違い

小学校に入学してから数年は、毎日のように忘れ物をしたり、下校途中にコンビニに寄ったり、通学路以外の道を帰っているのを近所の大人に見つかって学校に報告されたりして、しょっちゅう先生に叱られていました。宿題が嫌いで、学校が終わると友達と鬼ごっこや缶蹴りをして、さんざん遊び倒した後、疲れて泣きながら机に向かうこともありました。体を動かすのが大好きで、2歳の頃から始めた水泳を続けていただけでなく、4年生のときには野球も始め、体力やメンタルの強さはそれなりにあったのではないかと思います。

スポーツ大好きなわんぱく坊主が自主的に勉強をするようになったのは、小学5〜6年生の頃から。当時の担任の先生が、「自主勉強」という宿題を出してきたことが始まりでした。最初はノートいっぱいに漢字の書き取りをすることから始まったのですが、そのうちに「何ページやったか」というのを友達と競い合うように。このときは勉強が好きになったというよりも、友達との勝負の延長という感じでした。

中学に入ってからは、丸坊主に抵抗があって、野球部を回避。2歳から続けていた水泳も選択肢のひとつにはありましたが、水泳部は部員が少なく、所属するスイミングクラブでそれぞれ練習しているような感じでした。部活というイメージではなく、あらためてスイミングクラブに入会することにも躊躇してしまい、結局バスケットボール部に入部しました。

それから、生徒会の役員もしていました。友達に勝つことが自主的に勉強をするようになったきっかけだったように、この頃は周りに勝つことが自分の価値を決めるのだと思い込んでいたところがありました。そのため生徒会に入ることも、周りに勝つためには人前に出る経験が大切で、そのための練習だと考えていたのです。

自主勉強の習慣が身についていたからか、中学に入ってからは勉強を頑張るようになりました。学生時代の勉強は将来の選択肢を広げるため、そして社会を生き抜く忍耐力を身につけるためにあるということをなんとなく感じていた気がします。

まだ中学生ですから、周囲に目をやれば、将来のことなど深く考えず、遊んでばかりいて勉強をしない同級生もいました。僕はそういう人たちと同じ土俵に立って大人になりたくない、という気持ちが強くありました。本当に尖っていて、負けず嫌いでした。周りの人たちになんとしてでも勝つぞ、絶対に出世していい生活を送るんだ、という思いを抱きながら過ごしていました。今になって客観的に見ると、生意気でかわいい中学生だったと思います。今は、あえて勝ち負けという表現を使うなら、周りに勝つことよりも全員で勝つことを目指すことが大事だと思うようになりました。ひとりよがりになるのではなく、全員で納得できる方向へ行くことを意識しています。

その当時、影響を受けたのがダンス&ボーカルグループのEXILE。ボーカルのTAKAHIROさんがオーディションで優勝してEXILEに加入し、人気者になっていく姿はあまりにもキラキラとしていて、僕の憧れでした。それまでいわゆる一般人だった人が、ある日を境にたくさんの注目を集めたり、人生で成功したりしていく姿を目の当たりにして、ものすごく夢を感じたのです。

そして、夢をかなえるため、人生を成功させるための手段として、僕は勉強することにしました。チャンスは備えのあるところに訪れると思っていたので、将来の目標ができたときに自分が困らないよう選択肢を増やしておくこと、もっといえば、何にでもなれる自分になることが大切だと考えてのことです。

勉強が好きかと聞かれると、特段好きではなかったのですが、それでも勉強することが苦ではなかったですし、学びを得ることが楽しい、面白いと感じていました。周りよりも得意なことがある状況に、若干うぬぼれていた部分は否めませんが、何にせよ、学習を積み重ねるという土台みたいなものは、この頃にできたと思っています。

出世して、いい生活を送りたいと思ったのは、周りに勝つことが最も重要だと信じていた当時の僕の思考が理由です。そのためなら努力を惜しみませんでした。

あるいは僕が育った環境も関係しているかもしれません。僕の父と母は外で仕事を得て、農業の道には進みませんでした。実家の農業収入が不安定で、どんなに稼げないかを理解していたからです。僕自身、小さい頃から「勉強を頑張らないと農業しかできなくなるよ」と言われていたことに反発する気持ちもあっただろうと思います。

そもそも農業に対してあまりいいイメージがありませんでした。体力のいる仕事だということは、見ていてなんとなく感じていましたし、土で汚れることにも抵抗がありました。おまけに、カブトムシは好きでしたが、田畑にいるような虫は大の苦手。だからこそ農業はやりたくなくて、炎天下のなかで汗をかきながら重労働をするよりもエアコンの効いた部屋でお金を稼げる仕事に就きたいという思いが強くあったのです。

寮生活は社会の縮図
人間関係のつくり方を学んだ高専時代

中学3年生の時点で、将来やりたいことはいくつかありました。数学や理科が好きだったので、数学の先生やエンジニアがいいなとか、EXILEのTAKAHIROさんに憧れて歌手になりたいとか。けれども、進路を決める時点ではやりたいことがひとつに定まっておらず、中学卒業後の進路に迷った僕は、おじさんに背中を押されて高専を目指すことに決めました。無事に受験をクリアした僕は仙台高専に入学、15歳で家族のもとを離れました。

入学後のオリエンテーションは、今も鮮明に記憶しています。学生の間で「英語の鬼」「数学の神」「国語の仏」と呼ばれている3人の先生がお話しされたのですが、60点以下は赤点、留年する人も多くいるがすべて自己責任、と前置きした上で「皆さん、頑張ってください」とおっしゃったのです！　数学の先生にいたっては、数学の解説をし始めるというかなりぶっ飛んだオリエンテーションに、僕は度肝を抜かれました。しかも解説が速すぎて半分くらい内容についていけず、入学早々「おいていかれる恐怖」「わからない絶望感」のようなものを感じました。その一種独特な雰囲気に「ヤバい……、本気で勉強しなきゃ」と思わずにはいられませんでした。人生で初めて、自ら勉強しなければいけないと思ったときでした。

ひとりで勝手に焦って勉強しすぎた部分もあるかもしれませんが、勉強の手を抜かなかった僕は、最初の定期試験で思いがけず学科1位の成績を残してしまいました。その後も、学科1位を維持し続けたのですが、その背景は向上心が7割。残りの3割は、後を追われるという恐怖心だったと感じています。また、中学に続いてバスケ部に入りました。ひとつのことに集中するとだらけてしまうので、勉強を頑張るための息抜き、それから健康や体力の維持が目的でした。実際に勉強だけするよりも部活をしているほうが、成績が伸びる方は多いようです。

順風満帆なように思える学校生活ですが、特に1年生の頃は、寮生活がとにかくストレスでした。昔ながらの寮で、こまかなルールもたくさんありました。例えば、1年生が毎朝6時に起床して、7時まで寮の掃除をするのもそのひとつ。掃除の後に髪の毛が1本でも落ちていれば、その日の夜に呼び出され、指導寮生という役割の2年生と3年生にしこたま叱られるのです。学年ごとに役割が決まっていて、1年生に直接指導するのは2、3年生ですが、実際に寮の運営方針を決めて2、3年生に指導するのは4、5年生。上級生が下級生を指導する構図が出来上がっていたので、上下関係はとても厳しかったです。そんな世界を知らなかった僕はなかなか寮生活に慣れることができず、先輩の指導のすべてが理不尽だと感じることもありました。一方で、秩序を乱さないためにはある程度の上下関係が必要だということも理解していました。

そのため、自分が上級生になってからは、最低限の上下関係だけは守られるように締めるところは締め、決して理不尽な要求はしないようにかなり気を遣いました。必要な指導は指導寮生に厳しく行ってもらいながら、僕自身は寮内に不和が生まれないように調和をとることを意識していました。幸いなことに、4年生のときには寮生会長、5年生のときには男子寮長と、寮のなかでも上の立場についたことで、そのあたりのコントロールはうまくできていたのではないかと思います。高専時代は塾で講師のアルバイトをしていたので、寮内では上の立場にありながら、アルバイト先では下っ端で使われる立場。そのため、上に立っておごり高ぶったり、反対に、必要以上にへりくだったりすることもない立ち居振る舞いを身につけられたと思います。

寮生活において何が一番ストレスかといえば、やっぱり人間関係です。上下関係もそうですが、同級生や友達との関係にも同じことが言えます。学校でも寮でも、常に一緒の環境にいなければなりません。ウマが合わない人とも、うまく付き合う必要がありました。良好な人間関係を諦めたら、待ち受けているのは孤立の道です。何においても友達に勝たないと気が済まなかった中学時代の僕にあった「カド」は、次第に取れていきました。

人の悩みの9割は人間関係と言われるほど、人付き合いが人生の豊かさを決めるのではないかと思っています。だからこそ、世渡りで一番重要なスキルは、対人スキルではないでしょうか。ひとりでできることには限界がありますが、ふたり集まればふたり分ではなく、それ以上のパワーが生まれます。そして、僕は自分が優秀ではないと思っているからこそ、人付き合いでいろいろなピンチを乗り越えてきたような気がします。

人間関係の構築法、そして対人スキルは、間違いなく高専時代の5年間、それも寮生活のなかで身についたと言っても過言ではありません。15歳にしてその重要性に気づき、自分なりに適応できたことは、僕にとってかけがえのない財産です。

〝数学の神〟の思し召しで日本最高学府を目指すことを決意

高専に入学した当初は、卒業したら就職するつもりでした。実際には、最初の1年間は目の前のことに精いっぱいで、卒業後の進路について考える余裕はなかったような気がします。けれども、1年生の終わり頃まで学科1位をキープしたことで、もっと高みを目指して進学したいと考えるようになりました。そして、2年生になってから進学することを明確に決めました。

東京大学を目指そうと決めたのは、3年生が終わる頃だったと思います。数学の神と呼ばれている先生から「進学するなら東大を目指したらどうだ?」と言われたのです。先生がそういうふうに言ってくださるということは、僕も頑張れば東大に行ける可能性があるのだと、喜ばしく思ったことを覚えています。大学に進学するなら東京周辺に行きたいという思いはずっとあったものの、ここという大学は特になく、漠然と関東周辺で編入できる大学が第1志望。第2志望は東北大学でした。それが先生の一言によって、東大合格に本気で取り組もうと切り替えたのです。

東大で学びたいことがあったというよりは、正直に言えば、肩書や環境が目的でした。学歴がすべてではない世の中ですが、最初のフィルターとして、学歴が「努力してきた人・努力できる人」を、ある程度証明することも事実だと思います。また、環境という面では、人間はよく関わる5人の平均値が自分になると言われることからも、もし自分が身を置くなら、人生に対する意識が高く、高い教養を持っている方に囲まれる環境を選びたいと思いました。

高専に進むのはたいてい理数系に強く、国語や英語は苦手という人が多いのですが、僕もその典型パターンです。趣味感覚で、一般の大学受験や編入試験の数学の問題を日頃から解いていました。何事も最初から全部できる必要はなく、ひとつでも強みを持っておくことが自信になり、次の挑戦につながると思っていたからです。

高専から4年制大学に編入するためには、各大学が課する試験を受けることになります。出願に当たっての条件は特になく、高専を卒業しているか、翌年3月に卒業見込みであれば、試験を受けることができます。

日頃から数学・英語・物理・化学は勉強していたのですが、過去問を見て東大の試験勉強を本格的に始めたのは4年生の2月からでした。編入試験は5年生の7月頃なので、5カ月前くらいのイメージです。編入試験のための予備校などはないので、基本的には自分で対策を立てるしかありませんでした。それが結構難しいもので、もちろん編入試験の準備をしている間も学校の授業は当たり前のようにありますし、5年生になったら1年間かけて卒業研究を進めなければいけませんでした。

このようなことを言ってはいけないのですが、編入試験をクリアするためには、授業も研究も適度に手を抜くことが大事だと思っていました。何事にも全力で取り組むことも大事ですが、取捨選択することでより良い成果を得られると考えていたからです。例えば授業中は先生にバレないように、机に教科書を立てて手元を隠し、ひたすら問題を解く。編入試験に対して寛容な先生の授業では、堂々と内職(※)することもありました。英語や数学の一般科目に関しては、受験勉強をすることで授業を聞かなくても理解できていたためノータッチ。専門科目は、ノートだけはきちんととるようにしていました。

試験まで残り2カ月くらいになると、おそらく1日の半分は受験勉強に充てていたと思います。とはいえ、深夜3時くらいまで勉強して朝8時に起きるというサイクルで生活していたので、睡眠時間を極端に削るような生活ではなかったと思います。日中、本当に眠

※授業中に授業の内容とは別の勉強を行うこと。

いときは仮眠を取ることもありました。時には、授業が仮眠タイムになってしまうことも。授業をしてくださっていた先生に申し訳ない気持ちはありながらも、どうしても授業時間の有効活用が不可欠でした。

また、研究室に顔を出しながらも、そこで受験勉強をしていました。自分の能力を客観視したときに、研究も受験勉強も100パーセントでやったら、どちらも中途半端な結果になりそうだったからです。編入の受験期（7〜8月）までは試験勉強にほとんどの時間を割き、卒業研究には編入試験が終わってから着手するようにして、時期やタイミングによって優先順位を明確にしていました。

その一方で、寮の1階がたまり場のようなスペースになっていたので、編入試験組と他愛もない話をする時間も結構ありました。僕は生活時間のすべてを使ってひとつのことに集中するよりも、適度な息抜きやメンタル・ストレスをリセットする時間も必要だと考えています。志望校は違っても、志望校に合格するという同じベクトルで頑張れる仲間の存在は大きい。受験勉強の習慣化はもちろんですが、何かを頑張ろうとするときに必要なのは、時としてモチベーションにつながる仲間だと思っています。

理解と定着を深める勉強の3要素
復習・習慣化・未来

僕が勉強で重要だと思っているのは「復習」「習慣化」「未来（ゴールのイメージ）」です。勉強の段階は、理解と定着の大きくふたつに分けられるのですが、多くの人が軽視しがちなのが定着の部分です。勉強において一番の問題であり失敗する大半の理由が、勉強したことが抜け落ちていく点にあります。

そして、定着に重要なのが「復習」です。人間とは忘れる生き物です。学習した後の時間経過に伴う記憶の変化を示した、エビングハウスの忘却曲線というものがあります。この曲線は、早く復習すればするほど、短時間で記憶を取り戻せることを示しています。そこで僕は、忘れそうな頃に思い出す作業をすること、そして、何も見ずに思い出す作業をすることを大事にしています。何も見ずに思い出す作業をアクティブリコールと言い、思い出す段階で知識を整理し、理解することにもつながる最強の勉強法です。とてもエネルギーを使うのですが、エネルギーを使って疲れたと感じる分だけ、正しく勉強している証拠とも言えます。

　加えて、当時を思い返してみると、放課後には、編入試験組の仲の良い人たちで図書室に集まってよく勉強していました。定期試験の成績が良かったこともあって、質問されることも多く、勉強を教える側に回っていたことは、僕にとってとても大きかったと感じています。何か質問されたら教えるというアウトプットは、僕自身にとって最高の復習の機会となりました。

「習慣化」に関しては、何事においても結果を出す上で一番重要になると考えています。世の中は数・量がすべてで、量をこなすことで知見が広がったり、質が向上したりします。単純なインプット量・アウトプット量は裏切りません。

　数学・英語・物理・化学は日頃から勉強していたのですが、受験期に特に重要視していたのが、英語の勉強の習慣化でした。長文読解は毎日少しずつでも手をつけ、さらには20年分の過去問にすべて目を通したり、当時の大学受験でよく使われていた速読の参考書を読み漁ったりもしたものです。そうすると、読めない単語や、意味を理解できていない単語が出てくるので、今度は単語帳も毎日復習するようになりました。

　膨大な量をしっかりとこなすために必要なのが、モチベーションに左右されない行動習慣です。行動習慣を身につけるためには、「今日だけやる」を積み重ねることが大切。もっと言えば「10秒だけやる」のでも構いません。

習慣化にかかる期間は3週間から半年ほどと言われていますが、それさえできてしまえば、やらないことがかえって気持ち悪くなるはずです。ここまでくれば勝手に、それこそ無意識のうちにやることになり、必然的に結果が出る方向へ行く流れとなります。ちなみに、毎日1秒でもいいから、やらない日をつくらないという考え方でも習慣化はできます。

そして「未来（ゴールのイメージ）」に関しては、勉強をした先にどのような未来が待っているか、自分はどうなれるのかを、強烈にイメージすることです。僕はこのイメージを明確に、強く持つことができました。そのため、やる気が起きないときやどうしてもくじけそうなときにも、目を閉じてイメージを思い出すだけで、自分を鼓舞することができました。

そのほかにも、編入試験の場合は、いわゆる模試のようなものはなく、「◯判定」のように、自分の現時点での合格判定基準はわかりませんでした。ただ、僕の場合は、TOEIC（※）の点数が過去の合格者の平均よりもおおよそ200点低かったため、強いて言えば「E判定」といったところでしょうか。そんな僕が合格できたということは、模試の結果は参考

※日常会話やビジネスシーンで活用する英語力を検定するための試験。満点は990点、最低点は10点。

にはなるものの、絶対ではないということです。模試の結果が悪いからといって不安になるのではなく、模試の結果が悪かったことが悔しいから勉強する、というふうに切り替えること。焦って自分を責めないことが大切です。

それからストレスの逃げ道、要するに適度な息抜きを用意することも重要です。僕にとって、同じモチベーションで頑張れる仲間は、編入試験や卒業研究を乗り越えるためにとても大きな存在でした。勉強の息抜きはうまくできていたと思います。勉強の合間に友達と話をするだけでなく、部活に参加してバスケットボールをするとリフレッシュできましたし、歌うことが大好きなので、自分の部屋でボイストレーニングをしたり、定期的にカラオケへ行ったりもしました。学校の最寄り駅の隣駅が一番近いカラオケボックスで、店長さんと顔なじみになるほど通っていました。東大に合格したときには、ちゃんと店長さんにも報告しに行きました。

受験期に勉強を頑張れたという経験がもたらす揺るぎない自信

僕が東大の編入試験を受けたいと打ち明けたとき、両親は正反対のリアクションでした。最初に伝えたとき、僕が「東大受験するわ」と軽い口調で伝えてしまったのもあったのですが、父は「お前には無理。行けるわけがないだろ」と一蹴。一方で、母は「頑張れ」と背中を押してくれました。ちなみに、じいちゃんは「東大さなんか、いげんなが？（東大になんて行けるのか？）」という疑問の反応でした。

地元で誰かが東大に進んだという事例は、これまでほとんど聞いたことがないので、自分の息子が東大に行くというイメージが湧かなかったのかもしれません。よく思い返せば、実家に帰省したときには、口では厳しいことを言いながらも、応援してくれていたように感じます。それに受験のときは、受験料や東京へ行く費用などもすべて出してくれました。受かっても落ちても、僕の「挑戦」自体を応援してくれていたのではないかと思います。

編入試験を受けて無事合格したときの反応は、実は目の当たりにしていません。僕は高専の寮でひとり、パソコンで合否を確認し、家族のグループLINEに一言「受かった」と送っただけでした。そのときの返信も記憶にないくらい、あっさりとしたやり取りだったのだと思います。僕に東大受験を勧めてくれた数学の神も、合格の報告に対して特筆するような反応はなかったと記憶しています。「そうか、良かったな」という感じだったでしょうか。その代わり、友達はまるで自分のことのようにめちゃくちゃ喜んでくれました。そんな友達の姿を見て、東大に合格したんだという実感が湧きました。

もちろん数学は好きということもあって、ある程度勉強してきたので多少は自信がありましたが、実際には、しっかりと勉強できたところが中心に出題されました。試験に出てくる問題が解けるものかどうかなど、結局、最後は運です。僕は運が良くて受かったのだと思っています。

ただし大切なのは、運（チャンス）をつかむための準備が、普段からできているかどうか。これは試験に限った話ではなく、何事においても重要だという教訓を得ることができました。

実は、ひとつだけ懸念点はありました。

編入試験は一次試験が英語と数学、二次試験が面接でした。面接は僕ひとりで、周りを十数人の面接官が取り囲むようにして行われました。面接会場に入った瞬間の空気感は、まさに圧迫面接そのものでしたが、話していくうちに、しばしば話が脱線したり、面接官の方たちだけで話が盛り上がったりして、和やかになっていきました。

ただ、面接官の教授から、TOEICの点数の低さを指摘されたのです。当時は一次試験の成績以外に、TOEICやTOEFL(※)の受験成績の提出も必須だったと記憶しています。このときは「大学で勉強を頑張ります」と返すことしかできませんでした。基本的に、一次試験の点数が良ければ二次試験の面接で落とされることはないと言われていました。面接でも「(一次試験の成績なら)大丈夫でしょう」というようなことは言われたものの、もしかしたら教授の指摘が引き金となり、落ちる可能性もゼロではないんじゃないかという不安が、少しだけ頭をよぎりました。

そうした経験から、気持ちの面で余裕を持つことも大事だと考えています。受験に落ちたとしても人生が終わるわけじゃないと冷静に思えていたことが、僕の場合は良かったのかなと思います。

実は友人に誘われて、編入試験の2週間前にはAAA(当時好きだった音楽グループ)のライブにも行きました。本音を言えば、大事な受験の前に誘わないでほしいなと思いました

※非英語圏の出身者のみを対象に、英語圏の大学へ留学・研究を希望する者を主な対象とした英語テスト。

し、乗り気ではなかったのですが、開き直ってよくよく考えてみたときに思い至ったのです。試験2週間前に1日遊んで落ちるのなら、その1日を頑張ったとしても、どっちみち結果は不合格だろう、と。

物事は、考え方次第でいろいろな捉え方があるものです。人生のターニングポイントになるような大きなイベントのときくらい、自分に都合のいいように捉えてしまえばいいと、僕は思います。

受験は合否がもちろん大事ですが、長い人生においてはそれ以上に、受験期に勉強を頑張ることができた経験のほうが重要です。たとえ受かっても、落ちたとしても、受験期を頑張ることができれば、それがほんの数カ月間でも、「自分は頑張れる」という今後の人生を支えてくれる揺るぎない自信を得られます。けれども、頑張れなかったら、試験の結果はどうあれ「自分はこの数カ月間を頑張れなかった」という感情だけが残ります。この感情が受験に対するマイナスな記憶をつくりだし、学歴コンプレックスにもつながるのではないかと考えています。

米利休の特別コラム❶

高専と編入試験

本編で詳しく紹介できなかったエピソードについて、少し掘り下げてコラムでお話しできればと思います。第1章で出てきた「高専」「編入試験」という用語ですが、聞き馴染みのない方もいらっしゃったのではないでしょうか？　ここでは、「高専」「編入試験」についてご紹介したいと思います。

● 高専とは？

高専は5年制の高等教育機関で、前半2年間で高校課程を学び、後半3年間で大学レベルの専門科目を学びます。専門学校卒と同じような扱いですが、最近は「高専卒」が別枠として捉えられるようになりました。実践的な教育による即戦力として評価されている印象です。大学卒は理論に強く、高専卒は実践に強いと言われていて、大学の研究でも高専卒が優秀という話を聞くこともあります。進路の半数以上は就職ですが、大学への「編入」もあり、国立高等専門学校機構によると、2023年度の高専卒業者の進学率は約4割で、大学編入は約25%、専攻科への進学は約15% となっています。

● 編入試験とは？

高専卒業後に大学3年次（一部の難関大学では2年次）へ進学する制度です。試験は一般入試とは異なり、各大学が独自に用意する試験問題で大学課程の知識が問われます。試験時期は5年生の6月～8月が多く、受験勉強は自己管理が重要になります。僕が受けた当時の試験科目は英語と数学のみでしたが、学校や学科によって試験科目は異なります。英語に関しては、東大合格者の平均がTOEIC800点ほどで、僕は編入試験時の点数が630点だったので、一般的な模試のように判定をつけるとすれば、E判定みたいな状態でした。

高専からの編入は「入試の穴場」のようなものだと思っています。僕自身、一般受験では東大に入れなかったかもしれません。一方で、編入で難関大学を目指すのであれば、高校受験の段階で工学系に進路を決める必要があります。中学時代に将来の方向性を決められる人には有力な選択肢と言えるのではないでしょうか。

第2章 東大生活とビジネス経験

東大卒業の晴れやかな日

華やかな大学生活は理想でしかなかった
上京するも、勉強漬けの日々

2020年4月、僕は東大に編入しました。

通常、高専から大学に編入すると3年次から2年間、大学で学ぶことになります。ところが東大は少し特殊で、3年次に編入するのは一緒ですが、3年生を2回する必要があります。つまり、ストレートに進級・卒業できたとしても、3年生・3年生・4年生と3年間、通わなければならないのです。東大のほかには京都大学も同様のシステムになっています。

そのため、1回目の3年生のときは、周囲の3年生は同じ年の同級生ですが、2回目の3年生のときは、同じ3年生は1歳下に。年齢的には、一浪したのと同じような状況になるということです。同じ学部・学科には、全国の高専から僕と同じように編入試験をクリアして入ってきた人たちがいます。高専ごとに学ぶ内容は違うものの、同じ年で、科学（特に、数学・物理・化学）は同じような内容を勉強しています。それに、同じ編入試験を受けていることもあって自然と集まるのですが、そのなかで最も気が合いそうだった人たちとすぐに打ち解け、仲良くなりました。

高専時代の5年間という長い寮生活のおかげで、新たに人間関係を構築し、広げていくことは、まったく苦ではありませんでした。それよりもむしろ、ひとりで大学生活を乗り切るほうが大変で、難しいことだと思っていたので、早々に気の置けない仲間をつくって人間関係を固めないといけない、という気持ちのほうが強かったです。

通常、東大に入学すると、まずは全員が教養学部の所属となります。1年半は教養学部の前期課程で学んだ後、進学選択（進振り）で各学部・学科へ進むのです。進振りは2年生の前期までの成績によって、2年生の後期の時点で決定します。

高専からの編入組は3年生に編入したら、すぐに東大の3年生に交ざるわけではなく、最初の半年間で1年生が学ぶ教養学部前期課程の講義を履修します。もちろん講義は1年生と一緒に受けます。

1年目の前期授業のメインは、第二外国語だったと思います。東大では1年生のときに第二外国語が必修となっていて、英語以外の言語を履修する必要があります。この半期はいわば、第二外国語習得のための期間だったといっても過言ではありません。

第二外国語はイタリア語を選択しました。それは仲良くなった友達がイタリア語にすると聞いたから。僕はいろいろな知識欲があるほうなのですが、自分の能力を把握しているつもりです。そのため、そのタイミングで知識の必要性をあまり感じていないことや、興味のないことは「優先順位の低いこと」と捉え、取捨選択することも重要だと考えています。それで、「せっかくなら一緒にしよう」という軽い気持ちでした。当時は、第二外国語は単位取得以上の必要性をまったく感じていなかったので、優先順位が低く、最低限度の勉強しかしませんでした。

東京での大学生活はとても華やかなものだとイメージしていたのですが、理想と現実との間には大きな差がありました。

そもそも高専から編入している時点で、学業メインで頑張っていくのが当たり前だろうと言われれば、たしかにそうなのかもしれません。けれども、僕が想像していた大学生というとてもキラキラしていて、大学生活は社会に出る前に自由が許される最後の時間というような印象がありました。しかも、その拠点は大都会・東京です。僕はてっきり、アルバイト三昧、飲み会三昧で、仲間同士でおおいに盛り上がる生活になると思っていました。

けれども現実は、取得しなければならない単位数が多く、授業がみっちりと詰まっていました。平日は1コマ105分の授業が1日に平均して4コマはあり、朝から夕方まで授業漬けの日々。加えて、課題もたくさん出るので、授業外でも勉強に時間を割かなければなりませんでした。

さらには、ひとり暮らしをしていたり、友達付き合いをしたりするためには、出費もかさみます。アルバイトをしようと思ったら、ますます遊んでいる時間はありません。毎日のように友達と遊んだり、楽しい時間を過ごしたりできるのだろうという僕の想像は、脆くも崩れ去ったのでした。

高専時代はアルバイトで塾講師をしていましたが、大学に入ってからは、アルバイトはしませんでした。当初はやろうと思っていくつか面接も受けてみました。アパレル関係のアルバイトは面接にも受かっていたのですが、勤務する店舗が想定していたところではなかったこともあって、結局、辞退しました。大学生活の大変さから、アルバイトをしていていいのか、勉強とアルバイトの日々になったら、ますます華やかなイメージから遠ざかるのではないかと迷っていた時期でもありました。そんな葛藤があったので、しばらくは両親からの仕送りで生計を立てていました。

アルバイトに代わる収入源として
ＳＮＳを活用した通販ビジネスを開始

アルバイトをすることに決心がつかず、両親に仕送りをしてもらっていたのですが、いつからか「アルバイト以外の稼ぎ方ができないか」と考えるようになりました。そう思うようになったのは、僕の友達にチャンネル登録者数１３５万人のYouTuber・かっつーがいたことがきっかけでした。

かっつーは僕と同じ仙台高専出身です。高専在学中からブログで月60万円を稼いでいたり、YouTuberとしての活動を始めたり、一般的なアルバイト以外の方法でお金を得ていました。そういう人が身近にいたことで、僕にもチャンスがあるのではないかと考えたのです。

より費用対効果の高い方法としてたどり着いたのが、ＳＮＳを活用する通販サイトビジネスでした。今は「お米」という自分たちの手でつくった商品がありますが、当時は他社の商品を、ＳＮＳを使って認知を獲得し、通販サイトに誘導する方法で販売していました。

宣伝手段としてSNSを使っていたことは、後になってSNSのコンサルティング業にもつながっていきました。

通販サイトで扱うのは、化粧水や美容液といった美容関係の商品です。当時はちょうど美容に関する需要が高まっている時期でもありました。また、さまざまなSNSのなかでも僕はInstagramを主に使っていたのですが、Instagramの利用者には、美容に興味のある女性がとても多くいました。

何より美容関連の商品は、通販とSNSによる宣伝効果との組み合わせが良かったことが、取り扱うようになった一番の理由です。もともと僕自身が美容に興味があったわけではなく、自分なりに需要のあるジャンルを分析した上での判断でした。

通販サイトビジネスを始めるにあたり、同様のビジネスに詳しい知り合いもいましたが、基本的には一から自分ですべてやるしかない状態でした。それでも、成功のための知識や情報については、いろいろな人にたくさんお話を聞かせてもらいました。

農業もそうですが、知識がないことには何もできません。まずは知識や経験値のある方からできるだけ多くの情報を、いかにして吸収することができるかがポイントでした。それを聞き出す相手は、友人・知人のような直接の知り合いに限りません。SNS上でつながった方にも積極的に話を聞かせてもらいました。実際にお会いしたことはないので、僕がどのような人物かを知ってもらい、信用に足る人間だと思ってもらう必要があります。そのためには、どうにかして実際に会ってもらうこと、そして会話をするなかで「こいつにならいろいろと教えてやってもいいかな」とかわいがってもらえることが重要でした。この頃は、そうした人脈づくりのために、しょっちゅう人に会いに行っていました。このときも、高専時代に培ったコミュニケーション能力や人脈の広げ方・つくり方がおおいに活かされたと感じています。

通販サイトビジネスを始めて少しした頃、新型コロナウイルスの感染拡大が世界を一変させました。ところが、この未曾有の出来事がビジネスを加速させてくれるきっかけとなり、売上が大卒の平均初任給の3倍以上になることもありました。コロナ禍では、外出時にマスクを着用しなければならなかったことで、男女を問わずスキンケアをはじめとした美容への意識が高まったのです。また、自宅で過ごす時間が増えたことで自分磨きに気持ちが向いたり、SNSを利用する時間が増えたことで情報がより入ってくるようになったこともあると思います。

僕自身、1年目は普通に送っていた大学生活が、2年目に差し掛かるタイミングで大きく変わりました。授業のほとんどがオンラインに切り替わったことで、堕落してしまったのです。

タイミング的にビジネスへの興味が大きくなっていた時期でもあるので、学業に身が入っていない状態だったのは事実です。それでも、対面で授業が行われていたら、重い腰を上げて、どうにか授業に出席していたかもしれません。しかしながら、友達にも先生にも会えず、自宅でひとり、パソコンに向かって授業を聞かなければならない状況は、つまらなくて仕方ありませんでした。ログインの形跡があれば出席扱いになり、自分が真面目に授業を受けているかどうかは誰も見ていない。そういう状況にすっかり意欲を削がれてしまった僕は、学業よりもビジネスが最優先となっていったのでした。

ただ、今になって思い返すと、当時はビジネスというものを甘く見ていました。アルバイト代わりの稼ぎ方くらいに考えていましたが、実際は、アルバイトのほうが学業の合間にやるお小遣い稼ぎにはぴったりで、自分でやっていくことはアルバイトの何十倍も大変です。学業に支障が出るレベルでやらないと、中途半端な金額も稼げないような世界でした。

将来について考えるために休学を決意するも復学後に悩んだ周囲とのギャップ

順調にいっていた通販サイトビジネスですが、それは決して、この先もずっとやっていきたい事業ではありませんでした。しかも、ビジネスがうまくいっていたとはいうものの、稼いだ額は決して多くありません。人生経験や飲み代、好きな洋服、旅行に注ぎ込んだ結果、実態は普通に貧乏な大学生でした。

そのうち、自分は将来何がしたいのか、落ち着いて考える時間が欲しいと思うようになりました。

大学に通う以上は授業に出なければなりませんし、うまくいっているビジネスも続けたい。けれども、それでは考える余裕がない――。そもそも学業に対して身が入っていない状態が続いていたので、事業を継続しながら、学業をいったんストップさせようと、大学2年目の後期に当たる半年間を休学することに決めました。

休学する前のタイミングで、新型コロナウイルスの感染拡大が緩和してきたので、少しずつオンライン授業から対面授業へと移行していきました。つまらないと言いながらもオンライン授業には出席していたのですが、決して熱心に受けていたわけではありませんでした。その結果、優秀な学生との知識の差は、みるみるうちに開いてしまいました。

そのような不安を抱えながらも、休学期間中に、今後の人生をどう生きていきたいかが定まりました。

ひとつは「就職せずに、自分で自分の道を切り拓く」ことです。今になってみれば、それが簡単なことではないとよくわかるのですが、浅くて薄っぺらかった当時の僕は、就職しなくても自分で自分の進む道を切り拓いていけると思ってしまったのです。

もちろん、その考えに至るまでには葛藤もありました。就職しないなら大学にしがみつく理由はあるのか、休学ではなく退学してもいいのではないか、大学に通う必要はあるのか、などと考えたこともあります。これについては本当にいろいろな人に相談をしました。その上で、大学を卒業したという経験値と肩書は、これから先の人生で絶対に活きるときが来るという結論に至りました。最終的には起業するけれども、大学は卒業しようと決めたのです。

もうひとつは、「人の役に立てる仕事で食べていきたい」ということでした。前述したように、通販サイトビジネスは収入を得るための手段であって、特別やりたいことではありませんでした。あくまでも一時的なもので、いつまでもメインの事業ではないということ、そしていつかは手放すことになるので、新たな手立てを探さなければならないという思いがありました。

本当は何がしたいのか、何をしているときが幸せで、生きた心地がするのかと考えたときに、自分の欲望のためにお金を稼ぐだけでは、将来的に満たされることはないと感じたのです。そして、どうせお金を稼ぐのならば人の役に立てることを探そう、と決めました。

では、人の役に立てる仕事とは何かといわれると、一応アイデアはありました。例えば、僕が当時一番やりたかったのはタレントのマネジメント事業です。僕自身、音楽が好きだったこともあるのですが、夢を追いかけている人をサポートし、一緒にその夢をかなえていきたいと考えました。実現すればきっと楽しいでしょうが、非常に浅はかな考えであることは否めません。どれだけ考えても、お金が回るような構図に落とし込むことができず、結局は何も実行に移せませんでした。

そのほかに考えたことも、どれもやりがいのあることではあったのですが、それと同時に現実味もなく、うまくいかないことが想像できるものばかりでした。

結局、将来の見通しが何も立たないまま半年間が過ぎ、大学3年目の春に復学しました。休学した関係で、それまで一緒に学んでいた同級生たちに後れをとり、僕はひとつ下の学年に交ざることになりました。休学前のタイミングで感じていた知識の差はひとつ下の学年の人たちとしゃべっていても感じるようになり、僕はますます劣等感を覚えました。オンライン授業に加えて半年間の休学が、僕にとってとても大きな転換期になったことは間違いありません。

経営悪化、仲間の離脱……大きかった肩書の代償

通販サイト事業に加えてSNSのコンサルティング業も展開しており、ビジネスがうまくいっていた頃に、僕と一緒に働いてくれる人を、SNSを通じて募ったことがきっかけで、この頃には仲間と一緒に進めていました。

ところが、コロナ禍が落ち着いてくる頃と時同じくして、売上も減少してきていました。軌道修正が必要な状況にあったのですが、復学して研究室が決まった僕は、本格化していく研究に多くの時間を割く必要があり、ビジネスにかけられる時間が少なくなってしまったことが大きな理由です。売上はさらに大きく下がり、1年以上一緒にやってきた仲間は「収入を考えたときに、自分はもっと稼ぎたいから、これ以上は一緒に続けられない」と、僕のもとを去っていきました。

人間関係を大事に考えていて、一緒に何かをすることが好きな僕にとって、人が離れていくことがものすごくショックだったことを今でも覚えています。とはいえ、引き止めら

れる材料を持ちあわせていなかった僕にはどうすることもできず、本人が決めたことを尊重するしかありませんでした。自分の力のなさを心から痛感する出来事でした。

ビジネスをより良く運ぶために僕が会社を興して仲間と雇用関係を結び、給料制にしていれば、おそらくこのような最後は迎えていなかっただろうと思います。一緒にやっているといっても、実際には個人事業主の集まりです。ビジネスの難しさ、厳しさを思い知らされました。

卒業後も同じ事業を続けていくことはなく、自分にとってもっとやりがいのある仕事を探すことは、休学している間に決めたことでした。また、大学院に進学せず、就職もしないということも決めていました。そのようななか、生きていくために必要な収入の柱が失われようとしていることや、具体的なアイデアがないなかでの経営悪化で、これから進む道についてますます考えさせられることに。このときは、大学を卒業するために研究に打ち込まなくてはならないのに、卒業した後には何も残っていないように思われて、不安で仕方ありませんでした。

とはいえ、落ち込んでいる暇もありませんでした。こうなった今、自分には「東大卒」の肩書しか残せないからです。その肩書を活かすために、卒業研究を完遂して無事に卒業することが目の前の目標になりました。

研究成果にとても厳しい教授が担当で、提出物も他の研究室に比べて高いレベルを求められました。そのため、当初は研究室選びに失敗したと思っていました。結局、求められているレベルには最後まで届かなかったのですが、それでも求められるレベルを目指して頑張った結果、研究成績は学科のなかで上位に入ることができました。

研究を終えたときは、上位の成績を残せたうれしさや、課せられた使命をひとつやり切ったという満足感もありました。ただし、それは一瞬だけ。それ以上に、東大卒という肩書を得るために突っ走ってきた戦いが終わってしまったという虚無感ばかりが残ってしまったのです。

研究にいっぱいいっぱいで、ほぼ手付かずになっていた通販サイトの売上は、卒業時には月5万円ほどにまで落ちていました。当然、この収入で生活していくことはできません。

一度、下火になった事業を立て直すことは、とても難しいものです。事業自体の仕組みやお金が回っていく仕組みを変えない限り、うまくいかないことがわかっていましたし、ゼロから構築していくのと変わらない状況にありました。

このときは、大学を無事に卒業できる喜びよりも、これから先の不安や恐怖感のほうが大きかったです。努力量的には、東大を卒業できて当然と言えるくらいの研究をしてきた自信がありました。それに、入学よりも卒業が難しい海外の大学に比べて、日本の大学は入学するのが難しいけど卒業はそこまででもないと言われるように、研究がうまくいけば卒業できることもわかっていました。大学卒業は通過点でしかないと考えていたからこそ、うれしさが勝ることはなかったです。

僕にとって東大を卒業することは、ゴールではなくスタートでした。その気持ちが強かったことで、何も決まっていない状態で次のステップに踏み出すのが怖くて仕方なかったのだと思います。

新たなビジネスプランを模索するも無気力に陥り、3カ月で帰郷

大学院進学も就職もしないまま、大学を卒業した後は東京に残り、大学時代からやっていた通販サイトビジネスを継続しながら、これからどうしていこうかと考えあぐねていました。在学中から決めていたように、いつまでもこれらの事業を続けていく気はありませんでした。あくまでも新たな収入源を得るまでのつなぎとして、お小遣い程度の収入でもとりあえず続けておこうというくらいに捉えていました。

卒業して時間に余裕ができたことで、じっくりと今後に向き合おう。そう思っていたのですが、研究にしても、事業にしても、学生時代に頑張ってきた反動からか、蓋を開けてみると、まったくやる気の出ない日々に突入しました。俗に言う、燃え尽き症候群のような状態に陥ってしまったのです。

この頃は、昼夜逆転の生活を送っていました。お昼頃に起きて、夜遅くまでずっとパソコンを触る日々。最初のうちは真面目に調べものをしているのですが、気づくとYouTube

を眺めている自分がいました。スマホを手にしたときも一緒で、いつの間にかSNSを見漁っている始末。その頃は、どんなものがバズっているのかということに意識が向いていたこともあり、おすすめに上がってくるものを延々と見続けるという依存状態にあったと思います。

僕は、その時間を「またYouTubeやSNSばかり見て1日が終わってしまった……」とネガティブに思うこともなければ、ちょっとした息抜き程度に考えているわけでもありませんでした。何かしている時間も、何もしていない時間も、自分の行動に対して、もはや何も感じられなくなっていたのです。

パソコンやスマホばかりいじっていても後悔したり落ち込んだりすることはありません。かといって、バズっている動画を見て、勉強になるとか、見て良かったとかと思うこともないのです。ただひたすら無意識に見ている、そんな状態でした。現状をどうにかしなければいけない、という焦りもあったのですが、それ以上に無気力のほうが大きかったように思います。

やる気は出ないけれども出ないなりに、早く次の基盤をつくらなければ、という気持ちもあったので、YouTubeや、TikTokをやってみたりもしました。それらを活用して僕が発信したのは、自分の歌っている姿です。

高専時代、受験勉強の気晴らしにボイストレーニングをしたり、カラオケに行ったりしていたのですが、実は歌手になりたいと思っていた時期がありました。その一方で、自分には歌手になれるだけの実力はないということもなんとなくわかっていたので、なかなか歌手の道への一歩を踏み出せず、くすぶっていました。学生時代にタレントのマネジメント事業を立ち上げて、夢を追いかけている人をサポートしたいというアイデアを思いついたのは、そうした理由もあったのです。

大学を卒業した頃はまだ、歌手になりたいという思いが少なからずあったので、それを実現できる手段、少しでもやりたいことに近づくことができるチャンスとして、SNSで歌を発信することを思いついたというわけです。

本名とは異なる活動名ではありましたが、顔出しをして、声も加工せずに発信していました。さすがにオリジナルの曲をつくれるほどのレベルにはないので、歌うのはひたすらアーティストさんのカバー。大人気ロックバンド、Mrs.GREEN APPLEさんが多かったのですが、本当にいろいろなアーティストさんの歌を歌ってはアップしていました。

再生数はそれなりに伸びました。10万回再生くらいは度々あったのですが、肝心のチャンネル登録やフォローにはなかなかつながりませんでした。その原因がわからないまま、しばらく発信を続けていくなかで気づいたのは、参入するジャンルが重要だということ。競合が多いジャンルを選んでも勝つことは難しく、ビジネスにつなげるのは容易ではないことを学びました。

新たな気づきや発見があるたびに磨きをかけるようにして、試行錯誤を重ねたものの、なかなか状況を打破できずに3カ月が経過したところで、一度、生活基盤から立て直す必要があると思い至りました。努力は頑張ったから報われるわけではありません。正しい努力や、努力が実る環境に身を置くことが大事だと気づいたのです。僕は東京での生活に別れを告げ、山形にUターンすることにしました。そして中学卒業以来、実に9年ぶりに実家で暮らすことに決めました。

ちなみに、なかなか新たな展開が見えない間も、初志貫徹で「就職せずに、自分で自分の道を切り拓く」という意思が変わることはなく、就職活動は一度もすることがありませんでした。

ゲーマーに転身も2カ月で終了 怠惰な生活に飽きた僕は、ついに復活

だらけ切った生活を立て直すべく山形に引き上げたときの家族の反応は、あっさりとしたものでした。いきなり帰ってきた僕を「何かあったのか？」と心配する様子もなく、かといって、就職も進学もせずにいることを問い詰めることもありませんでした。ごくシンプルに「おかえり」「おお、帰ってきたな」という感じでした。

両親にしてみれば、無事に大学を卒業できたのだから、やりたいことをとことん追いかけてみて、それでダメだったときは就職すればいい、くらいに考えてくれていたようです。そんなに心配しているような素振りはありませんでした。

僕自身はというと、両親ほど楽観視していなかったと思います。「この先、本当に大丈夫かな」という不安はかなり大きかったです。東京で3カ月間、あれこれと挑戦してみたものの、うまくいかない面ばかり見えすぎてしまったことで、はたして今の状況で自分にできることは何かあるのだろうか、と疑心暗鬼に陥りかけていました。

おそらく大学時代に起業したことで、何か新しいアイデアが浮かんでも、良くも悪くもうまくいかない理由まで見えるようになってしまった部分もあると思います。これまでの経験が、かえって自分の足枷になってしまい、なかなかポジティブに考えられないという思考回路になっていました。その思考は、それまで一貫して就職活動に手を出してこなかったにもかかわらず、就職することも視野に入れたほうがいいのではないかと考えるまで根深いものになっていました。

山形に戻ってからも、東京で起こした事業を継続していましたが、生活をリセットするために実家に帰ったはずなのに、怠惰な生活にますます拍車がかかることに……。わが家では、家賃や光熱費は親が支払ってくれますし、僕がすすんで家事をしなくても大丈夫でした。黙っていても食事が出てくるし、洗濯物がきれいになって戻ってくることにすっかり甘えてしまった僕は、怠け者度が増してしまったのです。

堕落し切った僕が考えたのは、「どうせなら1回、とことんだらけてみるか！」ということでした。そしてそこから2カ月ほど、毎日のようにゲームに熱中しました。目が覚めてから寝るまで、とにかくゲーム三昧。プレイする手が止まるのは、食事やトイレ、入浴のときくらいで、平均して1日13時間、多いときには20時間くらいやっていました。

そのうち「これを配信したら面白いかな?」と、YouTubeとTikTokでゲーム配信や実況配信をしてみることにしました。だらけ切った日々を送りながらもビジネスの可能性を模索するのが習慣になっていた僕は、この頃はとにかくSNSをバズらせることがスタートだと思っていました。そのため、ゲームをしながらSNSを流し見するなかで、バズった企画や動画をこまめにチェックしていたのです。

「これだけゲームに時間を費やしているのだから、これが収益につながったらいいよな」「可能性が少しでもあるならやってみる価値はあるだろう」という、ふとした思いつきから始めたことでしたが、このときに試行錯誤したことが、農業のSNSを伸ばすことにつながったのは間違いありません。再生回数、チャンネル登録者数、フォロワー数はいずれも、歌を歌っていたときより伸びました。実際に配信したのは2カ月ほどでしたが、その間にフォロワー数が5000人は増えました。

子どもの頃からゲーム自体は好きでしたが、あくまでも勉強が優先。小学生の頃は、友達の家に集まってみんなでゲームをする機会も多かったのですが、中学生になってからはほとんどやりませんでした。ゲームに触れるのが久しぶりだったことで、この年齢になってゲーム沼にどっぷりハマれたのかもしれません。

ただ、時間を気にせずプレイする日が2カ月も続くと、さすがに「もういいや」と思うようになり、まんまと飽きました。それと時同じくして、燃え尽き症候群の症状が薄れていきました。この頃になると、ムダなことをして1日を過ごす毎日に、だんだんうんざりするようになっていました。そしてこれ以上、現状維持を続けても何も残らないと再認識した瞬間、あれだけやる気が起こらなかったのが不思議なほどに、一気に生活基盤を立て直す意欲が湧いたのです。

今になってみると、燃え尽きていたこの半年間は、これまでの人生において最もつらい時期だったと感じます。それまでは、努力した分だけ、結果として返ってきていました。それが、大学の研究や個人で興したビジネスでは、さまざまな努力をしながら、最終的にその努力が思うように実らないという状況に初めて遭遇。それが僕にとって、とてもネガティブなことに映った結果、無為な時間を過ごすことになったのではないかと思います。僕は本来、宝くじで高額当選したとしても働き続ける選択をするタイプ。そのことが再確認できたという点では、だらけ切っていた時間も決して無意味ではなかったのかもしれません。

自分の経験を地元の子どもたちに還元したい！
学習塾を視野に入れた家庭教師業を画策

ついに燃え尽き状態を脱し、いよいよ新たなステップを進むことにした僕が最初に考えついたのが、地域密着型の学習塾を開くことでした。その延長には地元・山形県で一番、理数系科目に強い学習塾をつくりたいというイメージもありました。

ところが、学習塾を始めるには数百万円の開業資金が必要です。その資金を集めるのが現実的ではないと考え、まずは資金と実績を同時に生み出せる家庭教師から始めることを思いつきました。

家庭教師、そしてゆくゆくは学習塾を始めるためにいろいろと調べる一方で、実際に勉強を教えるためには、あらためて知識を身につける必要があると考え、早々に中学の勉強の復習に取りかかりました。

学習塾を開きたいというのは、特に誰かからアドバイスをもらったのではなく、自分で思いついたことです。結局のところ、ビジネスを始めるときには、自分がこれまでに経験したことのほうがいいと考えたからです。では、自分がこれまでに取り組んできたことで事業になり得るものは何かというと、勉強に関わることがベストだろうと考えました。

一口に勉強と言っても、僕が教えたかったのは、いろいろな道を切り拓くためにはどのように勉強していけば良いのかという根本的な考え方や、勉強方法でした。学習の土台づくりをしていくためのサポートをしたかったのです。

事業を始めるにあたっての資金が豊富にあるわけではないことから、最初は僕ひとりでスタートさせ、頃合いを見計らいながら地元の大学生に声を掛けることで、事業を拡大していくことができればと考えました。

当たり前のことですが、家庭教師にしても学習塾にしても、生徒がいないことには始められません。集客の方法としてはふたつのプランがありました。

ひとつは単純にＳＮＳで話題になること、つまりバズらせることです。ＳＮＳで露出することによって直接教えるイメージが湧きやすくなり、ＳＮＳを伸ばすことで教える内容が多くの人に刺さるかどうかの信憑性につながると思いました。名刺代わりにもなるので、集客にも活かせるだろうと考えました。また、オンラインでの集客が見込めるようにもなるかもしれません。

もうひとつは、地元の中学校で講演をさせていただくことです。地元の中学校から東大に進んだ例は過去にほとんどなかったことから、僕の経験や実践した勉強法などは、少なからず需要があるのではないかと想定していました。講演の最後に家庭教師のＰＲをさせてもらったり、チラシを配らせてもらえたりしたら、宣伝効果としてはかなり大きいのではないかという算段もありました。

集客さえできれば、最低ラインの収入はこの事業だけでも確保できるだろうと感じたこともあり、特にふたつめのプランについては「動かなければ損」だと思って、即行動に移しました。そして実際に講演の話が進むところまでいきました。最初に「東大を卒業後、地元に戻ってきました。この機会に地元の学生の学力向上のきっかけをつくれたらと思い、地域密着型の家庭教師に挑戦しようと考えています。私の学生時代の知見を活かして、母校でもある貴校の学力向上に貢献させていただけないでしょうか」という内容の文章を作成し、学校宛にファックスを送りました。その後、何度か電話でのやり取りを経て、２０２４年の春頃には実際に、校長先生と直接お話しするところまでいきました。

ここまで進められたのは、タイミングのよさもありました。新しい校長先生が着任されたタイミングで、しかもこのときに対応してくださった校長先生は、僕が中学時代に技術の授業でお世話になった先生だったのです。僕のことを覚えていてくださり、「久しぶりだね」というところからスタートしたので、話もスムーズに進みました。

2023年の秋頃に着手したこの計画。中学の勉強をし直しながら、家庭教師から塾へ展開していく事業計画も立てて、近隣の家庭教師や学習塾の調査をする頃には、農業をすることを決めて、実際にスタートさせていました。この時点では、農業だけでは生計を立てられないと思っていたので、生計を立てるのは家庭教師業、農業は将来に向けた時間の投資と考えていたところがありました。

実際に校長先生とお話しして、講演会をすることについては前向きに検討していただけたのですが、年間を通して学校行事の予定が決まっている状況でした。いつ頃なら講演会を組み込むことができるか、実施時期を検討していただいたのですが、なかなか日付が決まらずにいました。するとその間に、発信を始めていた農業のSNSが急激な伸びを見せたのです。これを機に僕が農業に完全移行したことで、講演会については実現に至りませんでした。

米をつくれば借金が増える？
初めて知った赤字経営と廃業危機

地元で家庭教師、そしてゆくゆくは学習塾を展開するという事業計画を立てていたのが2023年の秋だったのですが、同じ年の11月頃に、わが家の農業経営がピンチだという話が浮上してきました。この年の米や大豆の収穫をすべて終えたところ、売上が予想以上に少ないことが判明したのです。

実態として、そもそも農業での収入は年々減ってきていました。一番の理由は、じいちゃんの経営力の低さに問題があったことです。長年、農業を続けてきたじいちゃんですが、米をつくるのに必要な経費も、生産したことで入ってくる収入もきちんと把握できておらず、お金の管理がまったくできていませんでした。僕が「この売上はどのくらいなの？」とか、「これ、経費はどのくらいかかってる？」などと質問をしても、はっきりとした答えが返ってくることは一度もありませんでした。そのどんぶり勘定が、ギリギリの経営状況を招いていました。

また、2023年の生産量・売上が特に低かった理由については、カメムシの被害で米の等級（※）が落ちてしまったことが挙げられます。登録検査機関に所属する農産物検査員が、全国で統一された規格によって「1等級」「2等級」「3等級」「規格外」の4種類に格付けするのです。検査は、粒の歩留まり（精米したときにどれだけ重量が減ったか）や見た目に関する品質を見るものであり、味はあまり関係ありません。等級が高ければ価格は上がり、それだけ収入も増えます。わが家はもともとギリギリ成り立っているかどうか、という状況で農業を続けていました。米の価格が下がってしまえば、その分だけ赤字に直結するので、これは大きなダメージでした。

カメムシの被害については、対策ができていればある程度防ぐことはできたはずなのですが、適切な対処ができていませんでした。というのも、じいちゃんの体力は目に見えて低下していて、特に2022年頃からは、動きたくても動けないような体になってきていたようです。僕が山形に戻ってきた頃には、農作業をこなせる体力が残っていない状態でした。そのため、近所の農家はどこもカメムシの被害を受けていたものの、わが家の被害は特に大きかったといえます。

ひと通りの収穫を終えた後、11月から12月にかけて、農作業に要したさまざまな請求

※農産物検査の結果から設定されるお米の見た目の評価。農産物の公正かつ円滑な取引と品質の改善を目指し、農家経済の発展と農産物消費の合理化に寄与することが目的。

が来るのですが、じいちゃんには、それらすべてを支払う余力がありませんでした。「このままじゃ、死ぬに死なんにがらよ（死ぬに死ねないから）」と父に頭を下げていたのですが、父から借りたお金だけでは間に合わず、生産物を卸す先である農業法人の社長さんにも借金をしなければならない状況でした。

この状況を知った社長さんが「このままではまずい」ということで、わが家まで出向いてくださり、経営状況についてヒアリングしたり、状況改善のためにさまざまなアドバイスをしたりしてくださいました。そして、社長さんのヒアリングやアドバイスを受ける際には父も立ち会い、一緒に話を聞いていました。

僕自身はわが家の状況をまったく知らなかったのですが、よくよく父の話を聞いてみると、衝撃の事実がわかりました。このまま農業を続けても赤字となるばかりで、続ければ続けるほど借金が増えていくことは明白だというのです。

数年分の確定申告の書類などを引っ張り出してきて、現在の借金額やその返済状況を加味した上で、5年後にどのくらいの借金が残っているかを予測したものの、返済できる見通しはまったく立ちません。この状況では、来年は農業を続けられない（続けないほうがいい）、今年で終わりにしたほうがいいのでは、という話になりました。

この事実を知ったときに僕が思ったのは、ここまで継承されてきた農業をやめることで、小さな頃から見てきた風景や、じいちゃんが培ってきた稲作の技術が途絶えてしまうのは悲しい、ということでした。どうにか廃業を回避することはできないものかと考えるようになり、農業の現状についてきちんと調べてみることにしました。

そのなかでわかったのは、農業従事者は平均年齢が68歳ということ。若い世代の農業離れにより、高齢化が進んでいました。僕の地元でもその傾向は顕著で、高齢の農業従事者が多く、廃業する方も増えていました。このままいけば10年後には、わが家の近所で農業を続けられている人はほとんどいないのではないか、というような状況でした。

とはいえ、もしここで本当に廃業してしまったら、借金だけが残ります。農機具は買ってくれる方や業者さんが見つかると思うのですが、農地に関しては継ぎ手不足で、借りてくれる方も買ってくれる方も見つかりにくい状況。いつかまた米づくりがしたいと思っても、やり直すのはかなり厳しいことになるはずです。

今、使える設備がギリギリ残っているうちに、農業を継ぐ余地があるのではないか？いつからか僕はそう考えるようになりました。

農業はまだ可能性を秘めている期待を胸に継承を決意

わが家の廃業危機をきっかけに、日本の農業の現状が見えてきたことで、僕はかえって農業に興味を持つようになりました。あらためて周囲に目をやると、地域を守っていくために農業を続けている方も多くいらっしゃいます。このまま農業をたたむのではなく、もしかしたら自分が継いで大きくしていくという選択肢もあるのではないか。廃れていく業界かもしれないけれど、やり方次第では赤字を解消するだけにとどまらず、利益を得られる可能性があるのではないか。そう考えるようになっていったのです。

農業法人の社長さんにも率直に尋ねてみたところ、「農地面積を拡大して生産効率を高めていくことができれば、今からでも農業で儲けることはできるだろう」という話を聞くことができました。人口減少や食文化の変化により、さまざまな農作物の需要が下がっていることは事実としてある一方で、それ以上に深刻なのは、生産者がいなくなることで生産量が減っていくこと。裏を返せば、生産量を確保できればその需要が高まる可能性があることは、ある程度予想できるところでもありました。

この先数年は不遇かもしれないけれど、10年くらいの長い期間で考えたときに、それなりにうまく回るようになれば、ビジネスとして成立するという期待がもてたことで、農業を継ぐのもアリなのではないかと思い始めました。

農作物を生産する農家がどんどん減っている今、自分が生産者になってその一端を守っていけるのだとしたら、大きな地域貢献になるかもしれません。それは、学生時代に自分の将来を思い描くなかで指針となっていた、「就職せずに、自分で自分の道を切り拓く」「人の役に立てる仕事で食べていく」という思いが、同時に叶えられる事業でもあることに気づきました。

もちろん、就職したほうが収入は多いかもしれませんし、何より安定していたでしょう。けれども、もしかしたら農業のほうがより儲かる可能性もゼロではないわけです。この時点ではまだ、将来的にどう転がっていくのか、想像もつかなかったのですが、少なくとも生活できないことはないと感じられたことから、やってみようと思えました。その結論が出たのは2023年から2024年に年が変わろうとする頃のことでした。

農家を継ぐということは、これまでの借金を僕が背負うことにもなります。そのことに不安がなかったわけではありません。でも、この話が出た時期、僕は学習塾経営を視野に入れた教育事業をスタートさせようと準備している真っ最中でもあったので、最初から農業で生計を立てようとは思っていませんでした。収入源は別に持っておき、農業はあくまでも趣味感覚から始めてみようと考えていました。

最初から農業をビジネスの主軸と考えていたら、おそらくもっと躊躇していたと思います。しばらくは大きな赤字を出さないこと、これ以上借金が増えないことを最低限目指そう。5年先、あるいは10年先、農業がビジネスとして成立していたら、そのときにまたどうするか決めればいい、と考えることができたからこそ、一歩を踏み出せたのだと思います。

18歳のときに運転免許を取得して以降、機会は少なかったのですが、運転することは好きだったので、トラクターや田植え機などの農機具の操縦や機械いじりはきっと楽しいだろうと期待していました。それに、おいしい農作物をつくるために、いろいろな知識を駆使しながらひとつずつ試していく作業は、まるで実験や研究のようです。考えれば考えるほど、農業が俄然面白いチャレンジだと思えるようになっていきました。

トラクターの運転は楽しい作業のひとつ

心配する様子を見せながらも農業継承を喜んでくれたじいちゃん

僕は、子どもの頃から農業に決していいイメージを持っておらず、なんなら農家にならずに済むように進路を決めていました。そのため、それを180度ひっくり返して「農家をやります！」と宣言することは即決だったわけではなく、それなりに時間を要しました。僕にとってその決断は、今までの人生を否定することであり、プライドを捨てることでもあったからこそ、悩み、迷いました。

じいちゃんの米づくりを継ぐと決めたときの家族の反応はさまざまなものでした。一番意外だったのは、父かもしれません。子どもの頃に「勉強を頑張らないと、農業しかできなくなるよ」と僕に刷り込んでいた父。農業法人の社長さんがわが家の経営を心配して話を聞きに来てくださったときに、数字に強くないじいちゃんだけでは心許ないと、父も同席していました。やり方によってはチャンスがあるという社長さんの話を聞いたことで、父の農業に対する考え方が変わったようです。

父も僕と一緒で、大きな収益にはならないかもしれないけれど、食べていくのに困らない程度の運営はできるという感覚になっていました。とはいえ、自分自身は農業を継がずに就職していますし、農業の不利な面もよくわかっていることから、中立的な立ち位置にいました。本人が望むなら継いでもいいし、継がないという気持ちもわかるから何も言わない、という感じで僕の話を聞いてくれました。

母は、どちらかというと反対派でした。じいちゃんが苦労しているのを近くで見ていますし、2023年に農業を続けるために借金をしなければならないという状況に直面したときには、やはり思うところがあったようです。僕が継ぐか継がないかを迷っているときから、一貫して「儲からない仕事なんて絶対にやるな」というスタンスでした。きっと農業を継ぐことに反対しているというよりは、子どもが自ら苦労する道に進むかもしれない状況を黙って見ていられない、と心配する気持ちが強かったのだと思います。

じいちゃんに関しては、うれしいと思ってくれたみたいです。僕が農業を継ぐと決めたタイミングで、実際に継ぐとなった場合に、経営の受け渡しまでの流れをどういうふうに進めていくのかといった具体的な話を、父とじいちゃんと3人でしたことがありました。その会議の前に、両親には農業を継ぎたいと話していたので、父からじいちゃんに「孫（僕）

が継ぐって言ってるんだけど、どうだ？」と切り出したのです。普段はあまり多くを語らないじいちゃんですが、このときには、うれしいと言葉にしてくれて、僕も絶対に立て直したいと強く思いました。

ばあちゃんが亡くなった後、基本的にはじいちゃんがひとりで田んぼを守ってきました。それは本当にすごいことであり、じいちゃんには感謝しかありません。両親は田植えの時期や稲刈りの時期などの農繁期に手伝うことはあっても、農業を継ぐとは考えていなかったので、じいちゃんも自分の代で農家はおしまいだと考えていたはずです。それは、わが家だけに限った話ではなく、近所でも継ぎ手のいない農家では、代わりに農地を守ってくれる人がいればうれしいけれど、無理してでも農業を継いでほしいという人はあまりいないようです。

農作業は本当に重労働なので、人手が増えればじいちゃんはラクになります。とはいえ、長い間頑張ってきたのに儲かってはいないですし、僕が継いだとしても、果たして食べていけるのか。せっかく東大を卒業したのに、儲からないといわれる業界にわざわざ足を踏み入れてもいいのか、という心配はしていました。店じまいのはずが一転、孫が農業を継ぐと言い始めたことは、うれしい半面、きっと不安もあったのではないかと思います。

また、地元の農協の方や農家の皆さんも、僕が農業に参入することをとても喜んでください、温かく迎え入れてくれました。農協には、農業の未来を担う若手の農業者が集う組織があります。僕がその〝青年部〟に加入したときに歓迎会を開いてもらったのですが、その宴席でも「よく決意したね」「これから一緒に頑張ろうな」と声を掛けてくれました。

ちなみに、当初は息子を心配するあまり、反対の姿勢を見せていた母でしたが、慣れない作業に四苦八苦する僕を見て、頑張っているように思えたのかもしれません。少しずつ気持ちに変化が表れたようです。米利休として発信するＳＮＳが伸び始めてきた頃には心配がなくなったみたいで、今では「もっと頑張らないとね」と背中を押してくれる強い味方になりました。

米利休の特別コラム❷

研究時代の話

東大で所属していた研究室で、僕がどんな研究をしていたか…。かなり専門的な内容なので、本編ではほとんど割愛してしまいました。せっかくの機会なので、少しご紹介したいと思います。ご興味のある方は読んでみてください。

僕が選んだ研究室では、ペロブスカイト太陽電池の研究に力を入れていました。ペロブスカイト太陽電池というのは、特殊な結晶構造をもつ材料でつくられた太陽電池です。従来のシリコン系太陽電池は3～4cmの厚みがあり、設置場所が限られる上に製造コストも高いという課題がありました。一方で、ペロブスカイト太陽電池は厚さが数十ナノメートルと非常に薄く、軽量かつ柔軟で、車のルーフやビルの壁面など、従来の太陽電池では難しかった場所への設置が期待されているものです。また、製造プロセスがシンプルで、コスト削減が可能という点も大きな利点です。

しかし、実用化にはまだ多くの課題が残っています。発電効率の向上や耐久性の確保、大面積での均一な製造が難しいという点などが研究の大きなテーマでした。僕の研究は、ペロブスカイト太陽電池の材料組成を厚みの方向に変化させるというもので、世界的にもほとんど報告がない手法に挑戦していました。もしかすると、当時、世界初の試みだったかもしれません。

研究生活を振り返ると、実験そのものは非常に興味深く、楽しみながら取り組んでいました。

ただし、1回の実験には長時間を要し、データ収集のために夜中まで研究室に残ることも珍しくありませんでした。時には実験室に寝泊まりしながら作業を続けたこともあります。

実験の大半は、クリーンルームと呼ばれる特殊な環境で行われていました。クリーンルームとは、半導体工場や医薬品製造施設などで用いられる高い清浄度を保つ部屋で、微小な粒子や微生物の混入を防ぎます。僕も全身をクリーンスーツで覆い、実験の準備やサンプルの回収を行っていました。途中のプロセスは研究室内から遠隔操作で制御することもできて、ハイテクな環境で研究を進めていたことを今でも鮮明に覚えています。

現在もペロブスカイト太陽電池は注目され続けていて、もし研究を続けていれば、何か新たな成果を生み出せたかもしれません。しかし、それもまた「たられば」の話です。研究の日々は大変でしたが、挑戦と発見に満ちた貴重な時間でした。

第3章 農業への挑戦

農業の大先輩・じいちゃんからレクチャーを
受けている場面

農業を継ぐ前提条件
年収は15万円、生活費は自分で稼ぐこと

農業を継ぐにあたって、いくつかの前提条件がありました。

まず、1年目の年収は15万円であること。どうしてこの数字が出てきたのかというと、それまでは毎年じいちゃんが、近くに住んでいる知人に農繁期限定でアルバイトをお願いしていて、アルバイトの報酬がおよそ15万円でした。僕が農業に従事することで労働力が確保できれば、アルバイトは雇わずに済むため、アルバイト代に回していたお金を僕の収入として考えることにしたのです。

また、販路を広げて、これまでよりも売上を上げられれば、その分の売上は僕の報酬にしてもいいことになりました。そこで販路拡大には、これまでの経験を活かせるSNSを駆使することにしました。

近年、SNSで販路を拡大している農家さんは少しずつ増えてきています。例えばまいひめおじさんは、熊本県で高糖度のトマト「まいひめ物語」や、そのトマトで添加物、着

色料、保存料などを一切使用しないトマトジュースを、SNSを中心に販売しています。果物くらい糖度の高いトマトを使用した季節限定・本数限定のトマトジュースは1本6000円で販売されるのですが、即完売するそうです。僕が農業を始めた当初は、まいひめおじさんのSNSを参考にさせていただきました。

農業収入が少ないことから生活費を自分で稼ぐ必要があり、当初は家庭教師の準備を進めていました。ところが、SNSを始めた1カ月後には、本当にありがたいことに、約10万人の方にフォローしていただきました。広告や案件などによる収入が見込めるようになったことで、家庭教師の計画はストップさせて農業ビジネスに振り切ることを決めました。

2024年に関しては、補助金がもらえるようになったことも大きかったです。新規の農業従事者を支援する県の補助金（年75万円）と、6次産業化（※）の町の補助金（20万円）、合計95万円をいただきました。補助金は種類が豊富にあるのですが、条件が厳しいことも多く、世帯年収でフィルタリングされるものもあります。

なかには補助金を嫌う方もいます。町・県・国のお金、つまり国民のお金を使って農業をするのか、という厳しいお言葉をいただくこともあります。頼らずに済むのなら、本当にかっこいいと思います。しかし、わが家の場合は、補助金や助成金、交付金がなければ

※農業者が生産（第1次産業）だけでなく加工（第2次産業）や販売（第3次産業）にも取り組むことで、生産物の価値を高め、農業所得の向上を目指す取り組み。1次×2次×3次＝6次の意味。

成り立たず、使えるものは使いながら頑張っていこうと考えています。

SNSを活用して収入を得るためには、どんなことを発信するのかがとても重要になりますが、「年収15万円で米をつくっています」と投稿したときには、「それでどうやって生活するんだ」「もっとマシなウソをつけ」といった厳しいコメントもいただきました。僕も農業に無縁の人間だったら、そう思ったでしょう。多くの方は、一般的な会社に就職して働けば、毎月のお給料が15万円以下ということはあまりないと思います。しかも、僕の場合は月収ではなく年収が15万円。信じられないと思われるのもわからなくはありません。また、農家の方から「1年目なら年収15万円で妥当」「年収がプラスになっている時点で上出来」といったコメントもいただきました。でも、そうした農業の固定観念も個人的には嫌だなと思っていました。

実は、年収15万円という事実を公表するかどうかは、かなり迷いました。これは僕の個人的な印象ですが、おいしい農作物をつくる農家さんや農業法人は、農業が儲からないとはいいながらも、儲かっているはずだと思っていました。儲かっている=おいしい、という公式が成り立つ部分は少なからずあるだろうと考えていたのです。年収15万円ということは、この農家がつくっているものはおいしくないから売れないのではないか、という印象を与えかねず、それだけは避けたいと考えていました。

年収15万円というのはインパクトのある言葉なので、良くも悪くもバズることは予測できました。悪いほうにバズって炎上してしまうことだけは避けたいけれど、果たしてどちらに転ぶのかは本当にわかりませんでした。でも最後は、農家の不遇な状況を理解して、おいしい農作物をつくることとができることと、農家が儲かることが必ずしもイコールではないとわかってくださる方もいるのではないか、というわずかな望みにかけました。蓋を開けてみたら、否定的なコメントは全体の1割もなく、9割以上は応援コメント。結果的にはSNSがいい方向に働き、とても安心しました。

僕と同じように農業に従事されている方の反応については2パターンあって、大半は「うちも同じような状況です」「米農家って大変ですよね」と同調するケースなのですが、一部の方からは「うちはそんなにひどい経営はしていない」「どんな経営をしたらそうなるんだ?」など、マウントをとるようなコメントもいただきました。

悲しくないわけではないし、「今に見ていろ」という気持ちにもなりましたが、僕はまだ農業を始めたばかり。何を言われたとしても「これから改善していきます」と言うしかなく、思ったほど精神的なダメージになることはありませんでした。

長年の経験と勘に頼ったやり方を数値化&言語化

ＳＮＳを活用することで販路を拡大して収益を上げていくことももちろん大切なことでしたが、経営を改善していくためには、経費を抑えていくことも必要です。そのためには、これまでの農業のやり方を根本的に変えていかなければいけない部分がありました。

まず、わが家の農業経営において問題だと感じたのが、肥料や農薬などの発注量がかなり大雑把なことです。これはわが家に限った話ではなく、ほかの農家でもその傾向はあるようなのですが、「面積あたりに何キロ必要」ではなく、「この面積で1袋だから、この田んぼには何袋必要」という感じで、とにかくどんぶり勘定なのです。

大雑把でも、おいしいものがつくれている部分もあるのですが、初めて農業をやる僕にしてみれば、その塩梅がわかりません。しかもどんぶり勘定ゆえに、わが家では毎年のように肥料も農薬も余らせてしまい、使わないまま残っていました。余ったのなら翌年は買う量を少なくして、在庫を使い切れば良いのですが、なぜか余った分は頭から抜けており、次の年も同じ量を買うのです。当然ながら在庫は毎年のように増えていき、よくよく確認してみると10年前のものもありました。

じいちゃんに聞くと「肥料は使用期限がないから、いつでも使えるよ」と言うのですが、人の口に入る農産物をつくると考えると、古いものはあまり使いたくありません。そうすると残った肥料は使い道がなくなってしまいます。

そうした積み重ねが経費のかけすぎにもつながっているので、僕は、1反（＝10アール＝約1000平方メートル）あたりに何キロの肥料や農薬が必要なのか、明確な数字を出してみることにしました。そうすれば、肥料や農薬の買い過ぎを防ぐことができます。

2024年にひと通り、記録をとりました。田んぼによって必要な量が違ったり、あるいは品種によって使用する肥料や農薬を変えたりしているため、実際にはまだしっかりと把握できていないのが現状です。それでも2025年からは、わが家の基準量を整え、僕が農業に従事する前より栽培方法を数値化できるだろうと感じています。

いろいろな農家さんに話を聞く限り、農業従事者でも若い40代くらいの方だと、袋数ではなく何キログラムと定めて発注し、使用している方もいらっしゃると聞いたことはありますが、高齢の方をはじめ、ほとんどの方はざっくりとしているイメージでした。きっと、長年の勘のような部分があるのだと思います。

ただ、そうした長年の勘が利きすぎて、大丈夫かそうでないかがわかってしまうことは、新規参入したばかりの僕にしてみれば、厄介な部分でもあります。何を基準に判断しているのかがわからないので、知りたいことに対して具体的な回答が得られないことがよくあります。

僕の地元にも、20〜30代くらいの若い農家さんは何人かいますが、基本的には父親が農業を継いでいて、祖父・父・息子と3代にわたっている場合がほとんどといえます。農業を行うには、代々農業を継いでいる形がやっぱりベストです。そのほうが規模は大きいですし、経営もそれなりに安定していると思います。いろいろなことを曖昧に終わらせず、記録したり数値化したりしていることもあるはずです。

わが家の場合は、父が農業を継がなかったため、じいちゃんがずっとひとりでやってきました。要するに、じいちゃんの感覚だけで何十年と続いてきてしまったのです。そのため、肥料や農薬の量にしても具体的な答えが返ってこないですし、水の管理にしてもすべて感覚です。「このくらいになったら水を引く」「今は水を入れない」といったことも、どういう状況で判断するのかが言葉になりません。そのほかにも、例えばトラクターで田んぼを耕すときに、何センチくらいの深さで耕せばいいのかと聞いても、田んぼによって違うという答えが返ってきます。

長い間、農業をひとりでやってきたため、人に教えることを経験してこなかったのも、理由のひとつといえるでしょう。自分のなかだけで情報を完結してきたため、長年の経験に裏打ちされた判断材料はきちんと持っているのですが、それが言葉にできないから、聞いても答えが返ってこない。判断基準が言語化できないのは決していいことではないと思いました。それに言語化ができれば、僕だけでなく、農業への新規参入がもっとしやすくなるのではないかと思います。

ゼロから農業を始める人にしてみれば、環境があるだけマシだと思うのですが、農家を継ぐという枠組みのなかで見たときには、同年代のなかでも僕の条件はかなり悪いだろうと思います。そのような状態でも、後を継ぐからには儲けを出さなければなりません。そのためには、やり方、卸先、そのほかにもいろいろなことを根本的に変える必要があると痛感しました。

与えられた環境を恨まない 変えられるかどうかは自分の努力次第

僕が農家を継ぐにあたってもうひとつ、お金の流れを明確にしたいと考えました。肥料代や農薬代だけではなく、機械代なども含めて、どのくらいのお金が何に使われているのかを明確にしたかったからです。

農業に従事していると、本当にいろいろなお金が出ていくものですが、確定申告の書類を見ただけでは、まったくイメージが湧きません。まずは1年間やってみて、すべての領収書をそろえて計算することで、初めて見えてくるのではないかと思っています。1年分の収支だけでは、お金の流れを完璧には把握できないかもしれませんが、長い目で見て、先々では明確にしていきたいところです。

また、2025年は農業経営を法人化（※）したいと考えています。同じ町内や隣の市内には、法人化している方がここ数年で増えてきたようですが、わが家の周りにはほとんどいません。それは高齢のため小規模で農業をしていたり、家族で経営されている方が多

※個人で行っていた事業を、設立した会社に移行すること。

かったりするからです。でも、メリットとデメリットの双方を考えたら、会社の立ち上げを急いだほうがいいという判断に至りました。

会社を立ち上げると、まずはお金の流れが明確になるのが良い点です。また、個人経営に比べて信用が高くなる面もあります。将来的に、例えば飲食店との取引も想定しています。そのときに、個人とは取引しないというお店もきっとあると思います。会社があることで、大きなビジネスチャンスを失わずに済むのです。

そのほか、個人経営の場合に比べて、税の負担が軽くなることも良い点のひとつです。ただし、収入から必要経費を差し引いた額（所得額）が約800万円を超えた場合に限られます。所得額が少ないと、出ていくお金のほうが大きくなってしまうこともあり、そこまでの利益が出せるかどうかは、やや不安な部分もあります。

法人化の欠点は、個人経営の場合は割と自由にいろいろなものを経費として計上できるのですが、会社になると、経費にできるものとできないものの線引きが難しいことでしょうか。でも、だからこそお金の流れが明確になると考えると、それが欠点であるとはあまり感じていません。

じいちゃんも父も、法人化に関しては僕に任せてくれています。今後、何かしらの経営判断をするときには、やはり僕が主導することになると思います。無謀なことは基本的にするつもりがありませんし、何かをするときは必ず家族にその理由を説明してからと決めています。きちんと説明できないことをするつもりはありません。そして、じいちゃんや父に意見があればちゃんと耳を傾けて、それも踏まえた上でやっていこうと決めています。

わが家の農業経営の状況は、後を継ぐにはどう考えても条件が悪いと言わざるを得ません。ここまでにも記したように、仕事のお手本となってくれるはずのじいちゃんは言語化が苦手ですし、人件費も出ません。同世代も含めた比較的若い世代の農業従事者の方々のSNSを見たり、実際に話を聞いたりすると、僕とはまったく違います。規模が大きく、経営も安定しているので、比べれば比べるほど、自分の置かれた環境はヤバいんだと、周りがうらやましく感じることもあります。

でも、与えられた環境を恨むことは決してありません。飛び込んだ時点では環境に差があったとしても、その差を埋められるかどうかは結局、自分次第だと考えているからです。もしも誰かと比べてしまい、自分が劣っていたとしても、努力でその結果は変えていけるものだと信じています。置かれた環境を恨む前に、自分の行動でその環境を変えていこうとする覚悟はほかの人よりもあると自負しています。

スタートラインは人それぞれ異なりますが、ゴールは決してスタートに依存しません。スタートラインが人より前にあっても、あるいは後ろにあったとしても、それはあまり関係がないことだと思っています。

世の中には、「環境が良かったからこうなれた」とか、反対に「環境が悪かったからこうなれなかった」というような価値観を持つ方もたくさんいると思います。僕にも「家が裕福だから、東大に行けたんだろう」といったコメントを送ってくる人がいます。でも、実家は裕福とは言い難い生活でした。それに、両親はともに高卒で、もっと言えば勉強というものが苦手。僕が東大に行けたのは、両親の育て方が良かったのは間違いないですが、それと同じくらい、環境を自分で変えていく意識を大事にしていたからだと思っています。

環境の良し悪しは自分の努力次第で乗り越えていけますし、行動次第でいくらでも変わるものだと思っています。与えられた環境のせいにしていてはダメで、環境のせいにしないからこそ、僕は今の選択ができています。

どうしようもできないことも自分が変わることで対策は可能

農業は体力を使う仕事です。米づくりは出荷までを含めると、4月頃から10月頃までがシーズンとなるため、暑い夏の時期も作業しなければなりません。体力的に厳しいと、精神的にもダメージを受けますし、農作業はとてもキツいものだろうと思っていました。

実際にやってみると、覚悟していたほどキツくはなかったというのが率直な感想です。農産物の種類、つまり何を生産しているかにもよりますが、若くて体力があれば、そこまででもないのかもしれません。農家さんは高齢の方が圧倒的に多いので、その方たちにしてみると体力的にキツい部分は多いのではないかと思います。ただ最近は、力のない高齢の方や女性の方でも作業できるように機械化も進んでいます。

夏場の炎天下での作業は、何もしていなくても屋外にいるだけで体力を奪われるので、年齢に関係なく大変です。特に2024年の夏は、日本の広範囲で記録的な猛暑だったといわれています。暑さについてはどうしようもないため、気合いで乗り切るしかないところもあるのですが、熱中症には注意が必要です。高齢の方ほど、加齢によって体温調節機能が低下していることもあるため、少しでも無理をすると倒れてしまいます。僕は大丈夫でしたが、じいちゃんは軽い熱中症でダウンしてしまった時期がありました。

熱中症対策としてはありきたりですが、水分補給をこまめにしたり、小型ファンのついた作業着を着用したりすることもします。そのほかに、作業時間を思い切りずらすのは農家特有の暑熱対策かもしれません。昼間は暑すぎて田んぼや畑には立っていられない状況だったので、朝4時に起きて4時半頃から働き始め、9時にはいったん作業を切り上げました。日中は屋内でできる別のことをしたり、昼寝をしたりして過ごし、夕方から作業を再開していました。ほかの農家の方も、さすがに7~8月は、昼間に田んぼに出ている人はほとんどいらっしゃらなかったです。

一番暑い時間帯を回避するためには、生活リズムを調整することが重要です。朝は4時に起きるので、夜は22時前に布団に入っていました。早寝・早起きは健康的で体にいいと言われますが、それもいきすぎると健康ではないように感じます（笑）。

天候のように、どうしようもできないことでも諦める必要はなく、自分が変わることで対策は可能です。朝4時に起きて涼しい時間帯に作業することもそうですし、雨で作業できない可能性がありそうなら、前倒しで作業すればいいと、いろいろな農家さんから教わりました。そうした考え方は農業だけでなく、いろいろなことに適用できると思っています。ちなみに、人間関係も同様に、相手を変えるのは難しいですが、自分が変わろうと努力すれば解決できることも多いのではないかと感じます。

農作業は体力的にキツい部分もありますが、僕にとってはむしろ楽しいと思えることが多くありました。僕は機械操作が大好きなので、トラクターや田植え機、コンバインといった農機具を動かすのが面白いですし、なんなら軽トラック（以下、軽トラ）の運転さえ楽しんでいます。ちなみに、実はじいちゃんも車の運転が好きで、今でもひとりでドライブに出かけます。

農機具の運転や操作はこれまで一度も経験がありませんでした。初めて操作するときは、1回じいちゃんと一緒に乗って、隣で操作方法を見るか、じいちゃんの説明を聞きながら僕が操作するかしたら、あとはひとりで即実践です。どの農機具も設定や操作方法はおおよそ決まっているので、基本的な操作はすぐできるようになります。

どちらかといえば、軽トラの運転に慣れるほうが手こずりました。18歳のときに運転免許は取得していたのですが、ほとんど運転することなく過ごしてきました。ほとんど運転方法を忘れかけていたタイミングで、農業のために運転する必要が出てきたため、じいちゃんに教官をしてもらいながら運転を練習しました。しかも、軽トラはAT（オートマ）車ではなくMT（マニュアル）車。ただ、幸いなことに僕はAT限定ではなくMTで免許を取得していました！　実は、一緒に合宿免許へ行った友達がみんな、MTで取るというので、きっと一生AT車にしか乗らないだろうと思いながらもMTで取得したのです。もちろん、初めての運転では、発進のタイミングでエンストするというベタなミスもしっかりと経験しました。

世の中には、無駄なことのように思えても、遠回りしたとしても、最終的には結果オーライになるようなことが意外に多い気がしています。だからこそ、自分の選択肢はできるだけ広げたほうがいいと思っています。僕がAT限定の免許しか持っていなかったら、免許を取り直しに行くか、わが家の軽トラをAT車に買い替えなければいけませんでした。いずれにしても、僕は即戦力にはなれなかったでしょう。18歳のときの僕の選択は、決して無駄なことではありませんでした。

非日常が日常になれば苦手は克服必至

「それが当たり前になると、苦手ではなくなる」というのは、僕が農業から得た教訓のひとつです。自分がやりたくないことや不得意なことも、いつかは慣れて、それが普通になるという前提で挑戦したほうが良いと僕は思っています。「苦手」は挑戦しない理由にはなりません。それが弊害となって能力を身につけられないのは、せっかくのチャンスをみすみすと逃してしまっているようなものです。

生きていくなかでやりたいことをやるためには、やりたくないこともたくさんやらなければいけないものだと僕は思っています。そして、やりたくないことが苦痛かどうかに関しては、「やりたいことのためにどれだけやりたくないことを日常に落とし込めるか」だと感じています。非日常が日常になると、他人への感謝を感じにくくなるなどの副作用もあるのですが、不要な障害を感じなくなるのは、とてもいいことではないでしょうか。

僕のことで言えば、土で汚れることは慣れてしまえば問題ないだろうと思っていました。

その一方で、田んぼや畑に行けばたくさんいる虫は、きっと慣れることも克服することもできないだろうと思っていましたが、そのことが農業を継がない理由にはなりませんでした。

農業を始めるまでは、土は汚いものだと思っていたので、触れることに抵抗がありました。服や靴が汚れるのもイヤだったのですが、慣れとは怖いものです。土に触れること、汚れることが日常になると、不思議なことに、それが汚いとは感じなくなるのです。

昔だったら考えられないことですが、今は泥だらけの手でスマホを触ってもなんとも思わなくなりましたし（もちろん汚れたらきれいにします）、泥だらけの服を着て1日過ごすことも苦痛だとは思わなくなりました。さすがに、家の中に土や汚れを持ち込むのはイヤなので、1日の作業を終えて家に入るときは、気をつけるようにしていますが、作業中はまったく気になりません。

虫も苦手でしたが、なんと、これも日常になることで克服できました。

農業を始めて最初に取り組んだのが、荒れ果てたビニールハウスの掃除でした。それまでは、じいちゃんがひとりで農業を続けていたこともあって手が回らず、ビニールハウスの半分くらいが散らかっていました。まずはその片付けから始めることにしました。

すると、ハウスの中には一面ゲジゲジが！　ゲジゲジのほかにもダンゴムシなど、とにかくいろいろな虫がうじゃうじゃいました。

最初は本当に気持ち悪くて、たまらずに「うわ〜っ！」と声が出ることや、目をつぶったまま作業することもありました。それでも、ハウスの中の掃除や草刈りを続けていくうちに、2週間もすると虫が友達になりました。克服したというよりは、虫がいることが当たり前の状況が続いたことで、すっかり慣れてしまった自分がいたのです。今なら、ゲジゲジも触ろうと思えば触れますし、害虫を駆除するのも抵抗はありません。カメムシをデコピンして飛ばすこともできるようになりました。

これからも絶対に慣れることなく過ごしていくのだろうと思っていたのですが、虫が平気になったことは自分でも意外でした。毎日のように何十匹、何百匹と見続けていると慣れてくるものです。

ただ、家の中に出てくると、さすがにちょっとビックリします。おそらく田んぼや畑など、いてもおかしくない場所に出てくる虫は〝日常〟なのですが、家の中に虫がいる状況は〝非日常〟なのです。家の中にいるゴキブリは、確実に非日常！　虫に慣れてきた今なら、もし出てきたとしても対処できると思いますが、やっぱり少しイヤです。とはいえ、東京で生活していた頃は、ゴキブリが出たら友達を呼んで退治してもらわなければならないレベルだったことを考えると、ものすごい成長だと自分でも思っています。

虫と格闘しながら掃除したビニールハウス

機械化が進む稲作でも難しい「全自動化」

農作業には重労働もたくさんありますが、そのこと自体は最初からあまり壁とは感じておらず、体力的な面での心配はしていませんでした。年を取って体力的にも衰えてきているじいちゃんでも、なんとかできていることだったので、まだ若い僕にとって支障になることはないだろうと思っていました。

慣れない作業で全身筋肉痛になった経験はあります。わが家でお米をつくるときは、畦塗《あぜ》り・耕耘《こううん》（※1）の作業や、種子の消毒・浸種などの作業の後に種をまきます。種まきは専用の機械で、苗箱に土・種もみ・土・水の順にふりかけて載せていきます。そして苗箱を、ビニールハウスに運んで並べるという作業です。田植えに使う苗を育てるための工程なのですが、この苗箱を運んで並べるという作業が重労働なのです。

苗箱を並べている様子

※1 「畦塗り」は田んぼの土を側面に塗りつけて固め、水が外に漏れないようにする作業。「耕耘」は土を細かく砕いて、土壌の状態を整える作業。いずれも種まきの前に行う。

今は「直播《ちょくはん》」といって、田んぼに直接種もみを撒く技術も普及し始めています。最初の工程にかかる費用を大幅にカットできる半面、雑草負けのおそれもあるため、踏み込めない農家さんが多いです。わが家では農薬を慣行栽培基準（※2）の5割以上をカットしているため、直播はまだやったことがありません。単純に、じいちゃんがこれまでと違うことに挑戦する余力がなかったことや、今の規模なら田植えでも問題ないこともあります。

土と種もみと水がいっぱいに入った状態の苗箱は、僕の家のものだと1枚当たり6キログラムほどの重さがあり、それを何百枚と並べていきます。この工程はある程度機械化できている農家さんもいますが、わが家は人の手で行うので大変です。じいちゃんがひとりで米づくりをしていた頃から、種まきの作業だけは家族総出でやっていました。ここ数年は高齢のじいちゃんは作業せず、指示役に徹してもらっています。

農作業には〝適期〟というものがあります。田植えの前は、種をまいて苗を育てる作業と、田んぼを耕してから水を入れて機械でかき混ぜる「代《しろ》かき」が、主な作業になりますが、適切な時期に適切な作業をするためには、各作業にかけられる時間に限りがあります。そのため、どうしても人数をかけて一気に進める必要があり、家族が協力するか、人手が足りない場合にはアルバイトを雇うこともあります。

※2 各地域で農家の多くが実践する、農作物の栽培方法における基準。

平均年齢の高い農業界なので、近年は高齢の方でもひとりで必要な作業ができるよう技術が進化し、選択肢も増えています。各工程で体力を使わずに済むような選択肢ができてきているのです。例えば、最近は育苗マットが流行っています。土の代わりに使用すると苗箱の重量が半分くらいになるので、わが家でも2025年度産の米づくりから導入します。

技術の進化という点で、稲作は、ほとんどの工程で機械化が進んでいます。というのも、稲作は面積当たりの収益が低く、経営していくためには一定以上の面積が必要な「土地利用型農業」といわれています。土地の面積を拡大して行う代表的な農業で、大型機械を活用しやすいことも機械化が進んできている理由と考えられます。

とはいうものの、機械化には必ずと言っていいほどトラブルもつきものです。案外すぐに動かなくなってしまったり故障したりするので、そのたびに手を入れなければなりません。農業といいながら、農作物をつくる時間よりも、機械を移動させたりメンテナンスしたりする時間のほうが長いような気がしています。

トラクターや田植え機、コンバインといった農機具は、作業をしていると毎年1回は必ずと言っていいほど動かなくなり、トラブルが起こります。その場合、たいていのことは自分で処理し、どうしようもないときだけは農機具屋さんを呼びます。

故障ではなく、何かが詰まるなどして一時的に動かなくなるようなことも頻繁にあります。機械の操作そのものは好きな僕ですが、トラブルが起きてそのたびに動かなくなると、「またか……」とへこみます。やっぱり機械はメンテナンスが命。使ったらすぐに洗うなど、手入れを欠かさないことが大切だと痛感しています。少しでも怠るとすぐにダメになってしまうので、機械は繊細です。

機械に農業をさせて、人は遠隔で監視する遠隔農業も、今ではかなり進んできているようですが、トラブルが起きたときには結局、人の力が必要です。人がまったく手をかけずに農業ができるような全自動化の未来は、少なくとも数年以内に実現するのは難しいのではないかと感じます。人と機械が一緒にやっていく、併走する形がしばらく続くのではないでしょうか。

日々の作業は単独行動でも業界内での人間関係構築が不可欠

農業というと、ひとりで黙々と作業するようなイメージがありませんか？　僕はそうだと思っていました。日々の作業はたしかにそうなのですが、何かあったときは、近所の農家さんと協力し合ったり、気兼ねなく相談できたりする関係性を築けていることがとても大切です。

例えば、田んぼに水を引きたいときに、近所の農家さんとの人間関係がうまくいっていなければ、自分の引きたいときに水が引けなかったり、水を引きたいことをお願いしにくかったりして、結果的にいろいろなトラブルが起こります。あるいは、経営を大きくしていくために農地を増やしたかったとしても、やはり周囲の方との人間関係がうまくいっていないと、「おまえには農地は貸したくない」と言われてしまうこともあるようで、実際にそういうことが起きているという話をよく聞きます。

それに生産力を高めるための生産技術的な面でいうと、同じ農作物でも地域によってつくり方や適期は少しずつ変わってきます。農業は、周りの方がやっている作物をやることが儲かるための近道と言われる特殊な業界です。地域に合わせた栽培が重要で、同じ地域の方から知識や経験則といった情報が入ってこないと、生産効率を上げたり、よりおいしいものをつくったりすることはなかなか難しい。そうした情報共有の面でも、やっぱり周囲との円滑な人間関係は大事です。

自己啓発本などを読むと、「自分にマイナスな関係はすべて切って、自分の道を選びましょう」という内容がよく書いてあります。その通りだと思いますし、それができれば人間関係に悩むことはないのかもしれません。しかしながら、小さなコミュニティにおいては特に、その対処法が当てはまらないこともあります。関わりたくない人とは関わらないという選択は、マイナスしか生みかねません。

なかには、わが道を突き進み、関わる相手を選ぶような人が、大きな売上をあげていることもありますが、そうするとどうしても天井があって、いつか頭打ちがきてしまうのではないかという懸念もあります。どういう経営を目指していくかにもよるとは思いますが、心地よく事業を進めていくためには、心地よくない関係もきちんと大事にしなければいけません。ちょっとやりにくい風潮みたいなものは、コミュニティが小さいほど残っているのではないかと感じます。

そのようなコミュニティでは、いい情報も悪い情報もすぐに入ってきます。時には露骨な噂話が聞こえてくることもあるので、そうならないように気をつけて行動しているところはあります。

僕はまだ農業を始めたばかりですし、まわりは農業の大先輩ばかりです。幸い、人間関係の難しさを感じた経験は今のところありません。今はまだ、周りの方から聞いた話が情報として入ってくるだけですが、これから先も農業を続けていくなかで、人間関係の重要性や、心地よくない関係性でも大切にしなければいけないことが実感できるときがくるのだろうと思います。

困ったときには力を貸してもらえるような人間関係を大事にすることは、農業をしていく上でとても重要なことだと考えています。2024年、僕は周りの皆さんに本当に力を貸してもらいました。無事に個人販売ができたのは、SNSでつながった方だけでなく、周りの農家さんの助けも大きく、感謝しかありません。

今はまだ、農業従事者としては新人。基本的にはいろいろな情報を得たい時期でもあるので、言われたことのすべてにきちんと耳を傾けることを心がけています。経験者に話を聞かせてもらえるのはとてもありがたいことですし、参考になることも多くあります。

農協の青年部に入ったり、飲み会には積極的に参加したりすることも、コミュニケーションを円滑に進める術。対人スキルは高専時代の経験がかなり活きています。良くも悪くもこういうスタンスは僕に合っていると感じています。

ただし、教えていただいたことが、わが家の方向性には合わないということも場合によってはありますし、そのすべてが正解とは限らないことも理解しておかなければいけません。

農家同士で「儲からないね」「どうしたらいいんだろう」と話している状況があるということは、必ずどこかに問題があるのだと思います。同じことをやっていれば、同じ状況になることは一目瞭然。ですから、教えていただいたことは素直に聞き、いったん持ち帰って自分の状況に落とし込む。その上で、実際に活用するかどうか、自分に必要な情報かどうかは最終的に自分で考えて判断しようと考えています。

農業で儲けるには時間と労力がかかる 生き残りのカギを握るのは農協!?

農業に従事していない方からすると、農協は農家から搾取することで儲けている、悪の組織のようなイメージを持たれているようです。「農家が買い叩かれている」といった話も耳にしますし、僕自身もそのイメージが少なからずありました。しかし、農協が本当に〝悪〟だとしたら、じいちゃんは経営を続けてこられませんでした。農協は全国の地域ごとにあるので、もしかしたら農家の不利益になるような運営をしている農協もあるのかもしれません。でも、少なくとも僕たちの地域の農協は、農家に親切でとても一生懸命です。

どういう経営を目指すかにもよりますが、大半の農家さんは生産で手いっぱいの状態です。生産と同じ時間を使っても、すべて売りさばけるかどうか……という世界。ほとんどの方は「つくったはいいけど、どうする?」となってしまいます。

農協の良さは、規格外を除いて全量買い取ってくれることにあります。これはかなり大きなメリットです。なお、農協の卸先である市場の相場で買取価格が決められていて、農協側の販売手数料は5％以下です。

多くの農家が生き残るために、農協は必要な組織だと僕は考えています。農業を続けるために農協からお金を借りる農家も多くあります。そうした面でも農家は農協のお世話になっていて、農協があるから日本の農業が成り立っている側面があります。仮に、独自で販路を広げたとしても、種や肥料、農薬などを購入するときには農協にお世話になりますし、事業拡大のために融資の相談をすることもあるかもしれません。農協とはもちつもたれつでうまく付き合っていくことが、生き残る上でも重要です。

儲かっている農家さんがいらっしゃる以上、自分が儲かっていないのは少なからず自分のせいだと捉えるようにしています。一方で、日本全体で見たときに不遇な農家が少なくないことは、国の政策が失敗している部分もあるのではないかと感じます。

世界に目をやると、独自の助成制度で農家の生活が成り立つようにして、農業を保護している国もあります。農業所得に対して公的助成(※)が占める割合は、ヨーロッパで90パーセント以上。スイスに至っては100パーセントだそうです。農作物の売上が小さくても、きちんと生活ができる国がある一方で、日本の農家所得に対する補助金の割合は30パーセント程度にとどまっています(過保護の問題点もありますが……)。

※国や地方自治体が事業にかかる資金の一部を給付する制度。

なかには、儲かっている農家さんもいるので、そうでない農家さんの「経営が苦しい」という言葉に対し、「やり方が悪いからだ」という意見はどうしても出てきます。そうかもしれませんが、日本の食を支えている人たちがピンチでは、国の経済は回らず、今以上の発展もないと思っています。

農家が儲かるには、①生産物の絶対数を増やすことと、②利益率を上げることの2点が重要だと考えています。①を実現するには「規模拡大」「収穫量を上げるための生産技術向上」を極める必要があります。それができれば、農協や業者に出荷することでも十分に生活ができるようです。そして、②を実現するには「付加価値をつけて、適正価格（利益が残る価格）で販売すること」「おいしい農作物をつくるための生産技術向上」が不可欠。これらを極めた農家さんは、新しい販路を開拓することで収入を上げられます。

「農業で儲ける方法はこれだ！」と一概には言えず、いずれにしても時間がかかります。土地を拡大するにしても、例えばお米なら、東京ドーム約2個分の面積をひとりで引き受けなければ採算が合わないという話もあります。農家の平均年齢を考えれば、規模を拡大して作業を効率化するのは大変です。また、販売面で付加価値をつけるにしても、生産で手いっぱいの農家さんが多いなかで販売方法にまでこだわるのは簡単ではないと思います。

事実、日本の農家の約4分の3が、ほかに収入源を持つ兼業農家です。僕も、農業を始める前は「うまくやれば儲かるだろう」と簡単に考えていたところがありましたが、実際に農業に従事するようになってみて、その難しさを痛感しています。

ちなみに、一般的なイメージとして、米も野菜も果樹も、すべて同じ農業という認識ではないかと思います。でも、例えば建設業と一口にいっても、土木、建築、大工、電気など、業種や経営の在り方は違います。農業も一緒で、米農家とイチゴ農家のように農作物が変わるだけで作業も考え方も異なり、経営方針も変わってきます。

そのため、農家なら農業全般についてなんでも知っているわけではない、とは感じます。じいちゃんとばあちゃんがふたりで農業をしていた頃は、お米以外にもいろいろな野菜をつくっていたので、じいちゃんなら何でも知っていると思っていたのですが、案外そうでもありませんでした。栽培経験のない野菜などは特に、ことごとく「わからない」と返ってきます。最低限の知識はあると思いますが、おいしいものを効率良く、ちゃんと買い取ってもらえる品質で大量生産できるかという点で言えば、すぐには難しいのだろうと感じます。そして、仕事として利益を求められる農業と家庭菜園は別物です。家庭菜園で当てはまることが、農業では当てはまるとも限らないのです。

ＳＮＳ投稿の最強の味方は弟？台本に命をかけて低頻度運用を実現

販路拡大を狙ってＳＮＳの運用を始めたものの、農業とＳＮＳの両立はかなり大変です。最初の３本の動画は自分で編集したのですが、農業をしながらこれをずっと続けていくのは難しいと痛感したことで、素材をそろえたら弟に渡して編集をお願いすることにしました。

２歳下の弟は、もともとYouTubeの切り抜き動画でバズり、それで生計を立てていただけあって、動画編集を丸投げできる強力な味方でした。動画編集ソフトをひと通り使えたので、最初に僕がつくった動画を見せて「これと同じようにつくって」と伝えただけでイメージしていた動画ができてくるので、とてもラクになりました。

ただ、ひとつだけ問題がありました。それは動画撮影です。当時、弟は東京で暮らしていたので、動画撮影まではフォローしてもらえませんでした。僕がひとりで撮影するか、両親に協力してもらっていたのです。

その頃、弟は自分で何かビジネスを始めたいと考えていて、好きな掃除をビジネスにしたいと勉強のために清掃会社に勤めていました。ところが、社内の人間関係にストレスを感じていたらしく、転職を考えているようでした。弟には実家に「帰る」と、仕事を「変える」、ふたつの〝カエル〟という選択肢があったので、すかさず僕から声を掛けました。

もちろんSNSを手伝ってもらうためだけではありません。弟は起業を目指していたので、一緒にできるSNSを手伝ってもらうためだけではありません。僕の副業としてSNSのコンサルティングをやるのに、弟と一緒にできないかと考えていたのもあります。僕が表に出て話し、弟にはシステム管理などをしてもらえたら、ふたりでそれなりのビジネスができると思ったのです。

もし弟が、いろいろチャレンジして失敗したとしても、そうなるまでにわが家の農業が仕事として成り立つように僕が頑張るので、弟の就職先としての保険になるといった話もしました。僕たちの農園でつくったお米を使ったビジネスを弟にやってもらえれば組みやすいですし、米利休のネームバリューが使えたなら、ビジネスも加速させやすいだろうと、そこまで加味して弟に話した結果、帰ってくるという選択をしてくれました。

動画編集のスキルを持つ弟が本格的にサポートしてくれるようになったことは、とても大きな強みになりました。撮影のスキルがあるわけではなかったのですが、普段から編集をしているので、例えば「こういうアングルがいい」と提案してくれるときもあります。あるいは、視聴者の方が酔ってしまうので映像はできるだけぶれないようにしたり、画面中央に字幕が入るという前提で、映したいものを中央に映さないようにしたりといった、細かな配慮やこだわりをもって撮影してくれています。

僕が投稿用の台本をつくって、その文章を動画につけるように読み上げます。そして弟が編集をするのがSNS投稿までの基本的な流れです。そのすべてを自分でやるのではなく、委託できる部分は委託するのが、僕のSNS戦略のひとつです。そのため編集に関しても、最初から誰かに委託することを前提に、動画編集ソフトが使えれば対応できる仕様にしました。作業自体を定型化してしまえば誰でもできるので、凝った編集は一切せず、2秒程度の動画をくっつけて字幕を打ち込む形にしています。

また、農業を始めたばかりで知識が十分ではなく、高頻度で投稿できるほどの話題がないと思っていました。そのため、1週間に1~2本のスパンで投稿することを目標にしていました。これについてはかなり早い段階で、投稿したい内容がむしろ多すぎて迷うほどになったのですが、低頻度で効果を最大化するためには、台本に命をかける必要があると思いました。言葉ひとつにしても、どれを使うのがいいかじっくり考えるなど、結構なエネルギーを台本作成に要しています。1本の台本は600文字程度ですが、それをつくるのに5~10時間ほどかかります。

わが家の農地面積は、もともとじいちゃんがひとりで管理できていたくらいで、8ヘクタールほどしかありません。僕や弟の労働力が加われば、一日中農作業に時間を割く必要はなく、隙間時間ができます。その時間をうまく使ってSNSの編集・投稿や、販路拡大を目的としたたくさんの細かな作業をしています。

1本の動画をつくるのに、台本作成に最低でも5時間、吹き込みで30分くらいなので、僕の作業時間としては短くても6時間くらいかかります。そこから弟が、2~4時間かけて動画編集をしています。なお、撮影は農作業前や農作業中にするので、右記に撮影時間は含まれていません。ちなみに、まだ公開していない動画の蓄えはゼロ。編集したら出す、という自転車操業型でやっています。

特異な行動は目につきやすい 周囲の農家さんの印象は「変な若者」？

人と違うことをしているとどうしても浮いてしまうのか、毛嫌いされてしまう部分は少なからずあると感じています。農村は良くも悪くも閉鎖的で変化を嫌うため、特異な行動が目につきやすく、一歩間違えれば排除されやすいところがあります。

僕はＳＮＳを頑張ろうと、農作業の前や合間に弟と動画を撮影し、農繁期でもなるべく更新できるように心がけています。時には、農繁期にしか撮れない映像もあるので、農作業で忙しいときも合間を縫ってあれこれ撮影します。それが、周辺の農家さんから「一体何をやっているんだ？」と思われてしまうことがあるのです。

高齢の方が多く、ＳＮＳが何かわからないので、「動画を撮ったからって、売上が上がるわけがないだろう」「農業者だったら米をつくることに集中しなさい」という方が大半。一生懸命、動画を撮影・編集しても理解を得られない部分はあります。

地元に85歳くらいになるベテランの農家さんがいらっしゃいます。今も現役で、長きにわたって熱心に農業をされてきた方です。その方に、自分がこれから農業を続けていくためには販路を拡大しなければならないことや、自分を認知してもらうために動画を撮って配信するSNSを大事にしていることなどをお話しさせてもらいました。最後まで耳を傾けてくださって、僕の思いをなんとなくわかってもらえた気はするのですが、最終的には笑いながら「動画ばっかり撮っていても食えないぞ。ちゃんと生産もしろよ」と言われてしまいました。

悪びれる様子もなく動画を撮っている姿というのは、どうやら周りからは良くない意味で目立った行動に見えてしまう部分があるようです。例えば、僕が先に家を出て作業しているところに弟が後から合流して、撮影をしていたことがありました。別々に家を出てきたので、僕は軽トラ、弟は乗用車に乗ってきて、田んぼの前に車を停めていたら、「農道に乗用車を停めるな」と注意されてしまいました。それも直接注意されたのではなく間接的に「農道に乗用車を停めていると邪魔だって、クレームが入ったぞ」と教えていただいた形です。

もし僕が動画を撮影せず、ひたすら真面目に農作業だけを頑張っていたとしたら、乗用車で田んぼに行っても、それを農道に停めていたとしても、特に注意されなかったのではないかと思います。そうではなく、生産以外のことを何かコソコソやっているから、目をつけられてしまうというのはあるかもしれません。

動画撮影やSNS発信をしていることのほかに、もしかしたら日焼け対策をしていることも、農家らしくないと思われているのかもしれません。僕は、農作業に出るときには日焼け対策を欠かしません。

日焼け止めは必ず二重、三重に重ね塗りします。基本的に肌は露出しないようにして、暑くても長袖を着用、手袋もして、日光が直接当たらないようにしています。それでも首のあたりは焼けてしまいますが……。顔よりも首が焼けます。

じいちゃんには「そんなことしているヤツは見たことがない」とよく言われていました。たしかに農業で日焼けを予防するという考えは少ない気がしています。女性の方は対策されているかもしれませんが、男性は皆さん、コーヒー豆くらいに真っ黒です。

若い農家さんでも全員、日焼け対策をしているわけではありません。20代前半の全員がやっているわけではなく、むしろ少数派ですが、対策する方は増えてきました。あまり日焼けしていない白い肌の農家さんに対して、「本当に農業をされているのですか？」みたいに感じる方は、思ったよりも多くいらっしゃいます。

根本的なことをいえば、借金ばかりが増えていって廃業寸前の状態にあるにもかかわらず、後を継ぐと言い出した孫は、傍から見れば不思議に思われて当たり前かもしれません。10年という長い期間で考えたときには、大きな農地が増えることは間違いないと思っていますが、この時点では規模の大きな農地を持っているわけでも、その見込みが立っているわけでもありませんでした。事実、後を継ぐと決めたとき、近所の農家の皆さんは温かく受け入れてくださいましたが、他方で「よく継ごうと決めたね」と声を掛けられることもありました。

ちなみに、SNSで動画に出てくる僕の服があまり汚れていないとご指摘を受けたことがあったのですが、農作業前や合間に撮影しています。また、撮影するときは基本、きれいな瞬間を選んでいます。それは、農作業中は日焼けをしないようにゴーグルやマスクで顔を覆っているので、ウケが良いと予想される映像が撮れないから。それに、髪がぐしゃぐしゃのときよりも、ある程度整っているときのほうが、見栄えがいいだろうと予想したこともあります。

コミュニティへの順応がスムーズな農業経営の秘訣

人と違うこと、想定にない言動が悪目立ちしてしまわないように、コミュニティを尊重することもとても大切だと考えています。

そういうふうに見られてしまう経験があるのは、僕だけではありません。ご近所にスーツを着て農業をされている〝スーツ農家〟の齋藤聖人さんという方がいらっしゃいます。もともとは関西のほうで就職していた齋藤さんは、今の僕と同い年くらいの頃に地元へ戻ってきて実家の農業を継がれました。田植えの時期に「田植えイベントだ!」と、髪の毛を金髪にして先端だけ緑色にしてみたり、スーツ農家という名前の通り、スーツ姿で農作業をしたりしていたら、周りの農家さんに挨拶しても返してもらえないことがあったそうです。

基本的には皆さん、とても優しくて温かい方たちばかりです。それでもやっぱり目立ちすぎると、「こいつは、この土地を荒らすんじゃないか」というふうに見えてしまうのでしょう。田舎の小さなコミュニティゆえ、独特な見た目や、とがった考え方の人がいると、排除されがちな雰囲気はあります。

齋藤さんも僕も、農家を継いだ1年目から目立つことをやってしまうから、苦い対応をされてしまったのもあるかもしれません。すでにコミュニケーションがある程度取れていて、どういう人物かを知ってもらえていたら、ちょっと変わったことをしても、「また、なんか面白いことをやっているな」で終わるような気がしています。裏を返せば、人間性や中身を知ろうとせず、また「なぜそういう行動をとるのか」を理解しようとせずに、見た目で判断されてしまう傾向は多少あると思います。

不用意に悪い印象を与えてしまったり、閉鎖的なコミュニティだからこそ良好な人間関係を築こうとしなかったりすることで、自身の農業経営を犠牲にしてしまうおそれは、たしかにあります。できることなら売上を上げて、経営を安定させたいというのが、農業従事者の願い。特に稲作の場合は生産量を増やしていくことも重要で、そのために農地を拡大していきたいと思っても、いい人間関係ができていないと「あいつに農地は貸さない」と言われてしまうこともあります。農地を増やせなければ、経営を安定させるのは、かなり難しくなります。

どれだけ気をつけていたとしても、周囲と違うことをしているとどうしても目立ってしまいます。僕も、乗用車を農道に停めていたことを注意されたり、動画よりも生産に力を入れなさいと檄《げき》を飛ばされたりしてきました。尖った行動ばかりしていて農業に支障を来しては元も子もないので、先輩からの指導としてありがたく受け止めています。動画を撮りたいときは弟と移動のタイミングを合わせて、乗用車は農地の近くに停めないようにしたり、撮影する時間帯を変えたりしています。

また、取材やイベント出演の依頼をいただいたときには、なるべくお受けするようにしているのですが、SNSも含めて僕が発信していることが、なかなか地域の農家の皆さんの耳目に届かないというのは、とてももどかしく感じています。僕が農業を継いだ理由などを知っていただけたら、なぜSNSに力を入れているのかもわかっていただけるのではないかと思うのですが、なかなか難しいものです。

自分たちが農業で生活していくためには、利益を上げなければいけません。農業は決してボランティアではなく、それによって収入を得るための手段であり、立派なビジネスです。それにもかかわらず、性急に利益を上げる行動ばかりすると、周りから嫌われてしまう原因になる。本来ならば利益を上げられるところでも、いったん押し殺さなければならないのは、悩ましい部分でもあると感じています。

スマホで稲を撮影している瞬間

農作業以上にかかる時間と労力
商品販売には高いハードルがつきもの

農協などの販売業者を介さずに、自分たちで商品を販売するには、さまざまなハードルがあります。最近は、SNSで発信する農家さんが増えてきています。SNSで集客し、ホームページや通販サイトへ誘導する手法は、持たざる者ができる最高の手段だと個人的には考えています。けれどもSNSを伸ばすこと自体が難しく、SNSの運用が売上につなげられているケースはあまり多くないという印象があります。

SNSを販売促進に活かせていない原因のひとつが、農作業の様子を発信してしまうことです。例えば、よく見かけるのが、トラクターなどの農機具を運転している映像の投稿ですが、ほとんどの一般の方は興味がないと思いますし、興味がなければ目を留めることもありません。

動画を投稿するにしても、しっかり戦略を練る必要があります。僕は本当に運が良く、フォローしてくださった方々のおかげでフォロワー数を伸ばすことができたので、SNS

の運用については目的をクリアすることができましたが、しかしながら今の時代は、戦略を練ったとしてもSNSを伸ばすことがなかなか難しくなってきているのが実情です。

農業は薄利多売のビジネスで、個人販売だと相当な数を販売する必要があります。数千人のフォロワー数では売上はほとんど変わらず（※）、最低でも数万人を集客したいところです。しかし、SNSがきっかけで飲食店や小売店との契約に発展することも多く、企業との契約のためにSNSをやるという考え方も大事です。

もちろんSNSが伸びたからといって、商品が売れるわけではありません。その先にもやらなければいけないことは山のようにあります。販売のために屋号を決めたり、販売サイトを整備したり、商品の発送のため梱包材の準備や運送会社との提携も必要です。お米を詰めるパッケージも、こだわらずに既存のものを買ってくればそれで済みますが、今後の経営や売上を良くすることを考えたときには、妥協せずにこだわるべきだと考えていました。パッケージデザイナーさんとつながることからスタートさせなければいけませんでしたし、デザイナーさんが見つかってからも、デザインの打ち合わせから印刷まですべてを行うのは、なかなか大変な作業でした。

2024年はお米の供給不足のため、農家から直接購入する方が増えました。そのため

※SNS業界の商品販売数の相場は1カ月あたり、良くて「フォロワー数×1〜2%」という話も聞いたことがあります。

農家側も、自分たちで商品をつくって売ろうという方が増え、パッケージの制作会社への注文が殺到。ある制作会社さんへの問い合わせは、前年比400倍に達したそうです。米騒動の影響の大きさを、米価以外の視点からも実感する出来事でした。

その影響で、当初3週間だった納期が1カ月以上延びる事態に。このときにはすでにパッケージデザインを決定していました。一方で、お米の販売と発送が当初の予定より1カ月遅れることをSNSで発信したら、既製品のパッケージに変えるか、別の方法を探して、宣言した日にちに間に合わせるべきだというメッセージを一定数いただきました。悩んだ末に、SNSで印刷会社を知っている方を募ったところ、予想以上にたくさんの方からご連絡をいただき、そのなかで、サッカー・Jリーグのモンテディオ山形の藤嶋栄介選手に、印刷会社さんとつないでいただくことができたのです。

紹介していただいた印刷会社の方には無理を言ってしまったものの、パッケージ用の袋を1000枚だけ仕入れていただいて、印刷をお願いしたら、1週間以内に納品してくださいました。もし間に合わなかったら、発送がさらに遅れるところでした。

運送会社についても、どこと提携すべきかかなり迷いました。そのなかで、毎週のように訪ねてきて、配送料の値段を下げたいという相談にも柔軟に対応してくださった会社さんに決めました。条件だけを見れば他社さんの方が良かったのですが、僕たちの立場に立って提案してくださる熱意が決め手になりました。これから先も付き合っていくなかで力になっていただけそうだと感じられたのです。お願いすることが決まってからも、5〜6回と、さらに多くの打ち合わせを重ねました。

一般的な農家であれば、これらのプロセスは農協や卸売業者が担うため、自分たちで販売や加工を行うことはありません。つまり、自分たちで一から商品をつくって売るということは、じいちゃんはやってきていないことであり、その対応はすべて僕が担当しました。とはいえ、生産をしながらなので、商品販売にかけられる時間や労力にも限界があります。もしこれをじいちゃんのような高齢の農家さんがやるとなったら、難易度が高すぎて、簡単にはできないことだと心から思いました。

初めて経験することばかりだというのもありますが、そこにかける労力は農作業よりもはるかに大きいものでした。卸業者やお米を精製して製品化する業者があるように、農業は生産者と加工者と販売者に分かれているのが当たり前です。生産している人が加工や販売も自前でやるということは、そもそも部門が違うので、同じだけ時間がかかるものなのです。

難易度が低いが利益率も低い米づくり

さまざまある農作物のなかでも、米は生産の難易度が低いほうだと言われています。イネ科の植物は強いので、簡単に枯れませんし、天候の影響ですべてがダメになるようなリスクも少ないです。あとは、何度かお伝えしている通り、作業には大型の機械が入ることが大前提なので、機械化が進んでいるという点でも、うまくやれば労力はそんなにかからない農作物です。ただ、工程ごとに機械を用意しなければならないので、ゼロから新規参入する場合は、ものすごくお金がかかるという側面もあります。

一方で、利益率(※)という観点から見ると、お米は利益が低いと言われています。インターネットで検索すると、「米農家は時給10円」というような記事やデータがたくさん出てくるくらい、利益率は最低の農作物といっても過言ではありません(実際のところ、米農家の時給は経営体の規模によるので、一概に10円のように低いとは言い切れませんが)。

個人販売にしたほうが農家の実入りは多いですすし、手元に残せるお金も多くなります。

※売上高に対する利益の割合。例えば、売上が100万円で、利益が20万円なら、利益率は20%になる。

しかしながら、利益率を上げるために個人で販売しようとすると、先ほども記したような本当にたくさんの業務が降りかかってきます。しかも、そこには当然費用がかかります。2024年は、僕の口座からいろいろな方に振り込みをしました。入ってきた売上も僕の口座に1回入れて管理をしていました。さらに、生産から加工、販売に至るまでのすべてを自分で全部やっていたら大変なので、人に任せようと思ったときに、人件費を捻出するところまで考慮すると、思ったほど手元に残りません。

お米のビジネスは特殊で、他のビジネスはすべての工程を委託してもプラスになるから経営が成り立つのですが、お米は生産から販売まですべての工程を委託したら、マイナスになるビジネスとも言われています。結局、個人販売を始めたのはいいものの、これだけ苦労しても、思っていたほど儲からないというのが、1年を通してやってみた率直な感想です。

それでもまだうまくいったほうです。2024年は壊れた農機具の買い替えや雑草負けで、想定していた収穫量に届きませんでした。従来通りに農協や業者へ卸していたら、年収として挙げていた15万円ももらえていなかったかもしれません。米価が異常なほどに上がったので、今年の価格であれば確実に利益は出ましたが、それにしても簡単に儲かる事業ではないと感じます。

最悪、人件費が払えなかったとしてもなんとかなる部分があるので、農家からすれば家族経営が安心なところはあると思います。時給10円という話もしましたが、そもそも農家の方々は、自分の人件費を経費として考えていないので、売上から諸経費を差し引いた額がプラスになったら、良かったと考えます。プラスが小さければ自分のもらえる金額が小さいというだけの話です。自分の労働力への対価について考えないのも問題ですが、慣例的にそうなっていることが、時給換算の低さにも表れているのだと思います。

僕はどちらかというと家族ではなく、外部の人をどんどん入れていきたいと考えているのですが、それをSNSで発信すると、「家族経営でやりましょう」というコメントやDMがたくさんきますし、家族経営が最強だと主張する方は非常に多いです。そうしたコメントをくださるのは、おそらく僕と同じ農業従事者の方だと思います。仲良くさせていただいている米農家のインフルエンサーさんも、家族経営が一番ラクだというふうに考えていらっしゃいます。

わが家はじいちゃんが高齢で動けなくなってきています。かといって、すべてを僕がひとりで切り盛りすることはできません。そのため、家族経営ではないやり方に変えることを考えています。家族経営ではなく一般的な企業と同じように経営していくことで、人件費も加味して、儲かっていない原因がすべて見えてくる気がしています。人件費が発生することで、よくよく数字を見てみると「あれ？　儲かっていないな」というところにたどり着くかもしれません。僕の地元の経営者の方々の中には、真面目に収支計算したら割に合わないことが明確になって、気持ちが萎えてしまうから計算はしないと話している方もいました。

僕自身はというと、やっぱり割に合う経営をしていきたいので、そのための要素を農業経営のなかに組み込んでいきたいと考えています。極端な話ですし、あくまで生産規模がかなり大きくなってからの話ですが、例えば、わが家でつくったお米と、地元・山形県の農産品をセットにして海外向けに販売すれば、規模としてはかなり大きな輸出ビジネスになります。農業だけでなく、そのほかの産業まで含めて考え、アイデアをひねり出すことができれば、別の新しい切り口ができ、なおかつ利益率の高いことができるようになるのではないかと思います。

最良の行動が10年先の未来を描く

僕は今、10年先のことを視野に入れながら、いろいろと考えるようにしています。「10年後にはこうなっていたい」というビジョンがあるからこそ動けているのです。

僕は、世の中には2種類の思考の人がいると思っています。それは「今しか見ない人＝現在思考の人」と「未来を見据えた行動をする人＝未来思考の人」です。

どちらがいい、悪いということが言いたいのではなく、このふたつの融合が大事だと思っています。「企画立案して、その先にあるビジョンのために全力で行動する今が楽しい」ということが、人生においてとても大事だと思うのです。

本来ならば、「こうなりたい」「こういうふうにしていきたい」という人生設計さえできていれば、そこに向かって一歩進むための今の行動は、絶対に楽しいはずです。頑張っている、生きているという実感がある。人としても充実するのではないかと思っています。そうすれば、未来思考と現在思考の両方をクリアすることができるのです。人生設計に向かって、それを達成するための行動であれば、今しか見ていなくてもまったく問題ありません。

そういう意味で、入り口は未来にあると思います。入り口は未来で、意識が向くのは今、という感じでしょうか。その状態がおそらく最も人生が充実しているときだと思います。

人間なんていつ死ぬかわからないからこそ、目の前のことを楽しめていればいいという現在思考の方は結構多いのですが、今しか見えていない方は農業に向かないタイプだと思います。農業をしても、稼ぐことは難しいでしょう。そうではなく未来思考で、将来のために今、一生懸命頑張りますという人のほうが向いていると思います。

僕自身、理想の未来像を持っていますし、やりたいこともあるのですが、実際のところは将来のことを常に考えながら毎日を生きているかといえば、まったく考えていません。今、一番いい行動をして、一番楽しければいいと思っています。今の行動が最終的に自分の未来につながることだからこそ、例えばお金があまりもらえなかったとしても不満に思うことはありません。もちろん、あったらいいなとは毎日思っています（笑）。

10年先の僕の理想像としては、まずは8ヘクタールほどの農地を数百ヘクタールくらいまで広げたいと考えています。広大な農地で米づくりをするには、それだけ人手が必要なので、家族だけで経営するつもりはありません。自分の両親を経営のなかに入れるつもりはないですし、弟は将来的に自分でビジネスをすることを望んでいるので、それまでは業務委託という形でサポートをしてもらうつもりです。

2025年か2026年にはひとり、採用できたらいいなと思っています。そしてゆくゆくは従業員を抱えて、事業を回していきたい。農繁期には人手が足りなくなるので、期間限定のアルバイトを雇うことも考えています。

特に農業は1~2年では何も変わりません。進むのが一番遅い業界ではないかと思います。1年に1回しか収穫の機会はないわけですし、農地の規模拡大も1年に1回しかチャンスがありません。例えば50年米づくりをやっているとしても、回数でいえば50回しかやっていないと主張するベテラン農家さんも多いです。

僕のじいちゃんも米づくりの経験は60回程度ですが、そこには60年もの年月を要しているわけで、本当に人生をかけていると言えます。だからこそ、目の前のことだけを見るのではなく、長期的な視点を持って運営していくことが大切だと感じます。

じいちゃんとともに、人生をかけて米づくりに臨む

目指すは農家のカリスマではなく誰もが知るスター

僕の最終目標は、農家のなかのカリスマではなく、一般の方から見たカリスマになるということです。「農家になりたい」という人が少ないのは、一般の方々が知るカリスマ農家がいないからだと思います。僕が目指すのは、農業界の大谷翔平です（二刀流のことではなく、誰もが知っているという意味で）。僕のことを知ってくださった方が農家になることを志し、そして実際に農家として日本の食を支えてくれたらいいなと思っています。

お金を稼ぐとかビジネスというところで言ったら、なかなか理にかなっていないことを言っていると自分でも思っています。けれども、これは僕の感覚ですが、世の中にはやっぱり理屈だけではどうにもならないというか、理屈以上に身になることがあるのではないかと思っています。自分の儲けだけを考えたら、やらないほうがいいことや、やらなくていいことも、せっかく始めたのであれば、日本全体に役立つ形で影響を与えていけたらいいなと思っています。

それこそ、僕が農業で実現できないことを、誰かが達成することもあるかもしれません。そう考えると、農業について本気で考えたいという次の世代が現れることこそ日本にとって、とても重要なことです。日本のために、なんて言える立場ではありませんが、若くて意識の高い農家の数は増えてほしいと思っています。

そのなかで僕ができるのは、難しいことをするのではなく、農家のスターになることだと思っています。難解なビジネスモデルを考えるのは、もっと頭のいい方や、専門性に特化している方がやったほうがいい。それよりも、次のやる気ある世代にとってのスターになって、この業界に引き込んでいくことが、日本のためにもなるのではないかと思うのです。そのためには、理屈では説明できない行動もあえて取っていくことが大事になるだろうと考えています。

日本全体に貢献できるような存在になれたら、お金は何かしらの形で入ってくるようになります。自分のやりたいことをビッグスケールでかなえていくことで、必然的にお金には困らないだろうと思っています。

「東大卒なら、もっと日本の農業が変わる画期的なことをやりなさい」とか、「政治家になって日本を変えたほうが良くない？」といったご意見をよくいただきます。まだ新しいことをできるほどの知見がないだけではあるのですが、どんなに廃業寸前の状況からでも、画期的なことではなく既存の考え方で十分に儲かる農業が実現できることを示していきたいです。例えば、販路をつくってたくさんのお客様に販売したり、そのためにSNSを活用したり。そしてそれが農家さんのモチベーションにつながったらいいな、とも思っています。ちなみに、政治家の路線は、今のところ考えていません。じいちゃんが人生を捧げてきた農業を、そしてつくってきたお米を守ることが僕の使命であり、最優先事項です。政治家になって日本を変えるのではなく、現場の声を政治家に届けることを目指して頑張っていきます。

来年以降も直接、個人に向けてお米を販売していくことは続けていきますが、現状維持ではなく、品種のバリエーションを増やしていくことや、定期購入ができるような購入のバリエーションも増やしていくつもりです。

ただし、個人が個人に対して販売するというのは、意外に労力がかかります。その点については、個人販売でのおおよその売上を推測した上で、それ以外は飲食店さんなどの法人を相手に、しっかりと契約を取っていく次のステップが必要になってくるだろうと思っています。

ＳＮＳを始めた当初は個人販売に向けてのつもりでしたが、続けていくなかで、飲食店営業の材料と考えるようになりました。ＳＮＳが名刺代わりになるのです。

一番は、こちらからアクションを起こして営業をかけることが大前提ではあるのですが、実際にＳＮＳを見てくださった飲食店や米穀店から、ご連絡をいただくこともできました。また、知人の紹介でホテル業を展開している企業から、ホテル内のレストランとの取引についてヽお声がけいただきました。一般的な飲食店は飲食で利益を出さなければいけないので、こちらから提案できる金額には限界があります。でも、ホテルに入っている飲食店なら、メインとなる宿泊業をはじめとしたホテル全体で利益を出せばいい。そうすると、飲食自体で利益を大きく出す必要がないパターンもあるので、お互いに納得のいく金額で交渉ができる可能性が高くなるといえそうです。

物を売る上で、ＳＮＳで目立つこと、バズることには大きなメリットがあるとあらためて実感しています。

米利休の特別コラム❸

アウトプットエコノミーとプロセスエコノミー

マーケティングの世界には「アウトプットエコノミー」と「プロセスエコノミー」というふたつの考え方があります。どちらも商品やサービスを提供する上で重要な視点ですが、消費行動が変化していることを考えると、プロセスエコノミーの価値がますます高まっている、と僕は感じています。第3章のコラムでは、「アウトプットエコノミー」と「プロセスエコノミー」、そして僕の考えを書いてみたいと思います。

● アウトプットエコノミーとは？

アウトプットエコノミーは、「完成した商品やサービスが収益を生み出す」という従来の考え方です。品質の良いものを作れば、それが売れるという発想で、特に農業界ではこの考えが根強く、より良い農産物を作ることが優先されてきました。しかし、今の世の中には優れた商品・サービスが溢れており、品質や価格だけで差別化するのが難しくなっています。そのため、単に「良いものを作る」だけでは、消費者の目に留まりにくくなっているのが現状です。

● プロセスエコノミーとは？

プロセスエコノミーは、「商品やサービスを生み出す過程（プロセス）自体が収益を生み出す」という考え方です。若い世代を中心に、モノの所有ではなく体験にお金を使う「コト消費」へとシフトしており、完成品そのものよりも、その背景にあるストーリーや過程に価値を見出す傾向があります。例えば、僕のSNSでは「じいちゃんの赤字経営を立て直していくストーリー」を発信しており、これはまさにプロセスエコノミーの考え方に基づいたものです。ただお米を売るのではなく、その背景にある物語に付加価値をつけることで、消費者とのつながりを深めています。

● どちらが正解なのか？

アウトプットエコノミーとプロセスエコノミー、どちらが正解というわけではありません。どちらも大切で、バランスが重要です。良いものを作らずにストーリーだけを作っても、リピートにはつながりません。一方で、品質や価格だけで勝負すると、目立ちにくく、売れにくい上に価格も上げづらくなります。両方の考え方を理解し、適切に活用することが、これからの農業界で成功するための重要なポイントになるのではないかと思います。

第4章 デジタル世代の新しい農業

じいちゃんの米を日本一有名にしたい
そして、おいしい米を追求し続けたい

初期設定がSNSを伸ばす「東大卒×農家」の希少性

僕は、SNSが伸びたからこそ、販路を拡大する手段としてSNSが絶対的ではないと今は思っています。販路拡大には他の手段もたくさんあります。

しかし、農業を始めた当初は何もわからず、個人の販路をつくることを最優先と考えていた僕は、SNSにすべてを賭けるつもりで農業を始めました。だからこそ、SNSで認知を得ること、まずはバズることが正義だと思い、最もリーチを取りやすい方法として縦型動画（※1）を選びました。

僕が米利休として最初に始めたのはTikTokでした。その理由は、縦型動画といえばTikTokというイメージがあったからです。それにTikTokは、1本目を投稿した瞬間から再生数が回りやすいという特徴があります。それに対してInstagramは、5～10本投稿しないと管理側が「どういった人たちに評価の高いアカウントなのか？」を判断してくれない印象があります。そこで、最初はTikTokにしようと決めました。

※1 スマートフォンで向きを変えることなく、縦向きで再生することに特化した動画。

すると、最初の投稿が1日で200万回再生され、2万人以上の方にフォローしていただきました。一応、その動画を投稿する2カ月くらい前から作戦を練ったり、素材動画を集めたりして準備をした上で発信したので、まったく伸びないことはないだろうと思ってはいました。それでも200万回再生、2万人の方のフォローは、うれしいというより、「こんなことってあるんだ！」という驚きのほうが強かったです。

ただ、その数日後にInstagramの投稿も始めたところ、じわじわと火がつき始め、3週間くらいでTikTokのフォロワー数を上回りました。TikTokにしてもInstagramにしても、30代後半から50、60代くらいまでの女性の方が中心に見てくださっているようです。

SNSの戦略として、発信の方向性を決めることがすべてだと思っています。どんなアカウントにするのか、誰に、どのような価値を提供し、どのような情報を届けるのか。また、そのためにはどういうブランディング（※2）をするのか、どういったキャラで発信していくか。それらを決めた時点で、そのアカウントがどのくらい伸びるかの天井が決まります。最初の設定が悪ければ、どれだけクオリティの高い動画をつくっても頭打ちで、伸びません。

SNSでは「よく見る」と思われた瞬間に見られなくなります。反対に「見たことがな

※2 企業や商品、サービスを独自のものとして認識してもらい、他社との差別化を図る取り組み。

い」「珍しい」という印象が、大きな価値になります。例えば、僕が「山形の米農家」として発信しても珍しくないですし、驚きもありません。ところが、そこに「東大卒」というワードが組み合わさると、一気に貴重なアカウントになります。

ただし、これも組み合わせによっては貴重ではなくなります。例えば、東大卒の医師や東大卒の弁護士だったら、そんなに驚くことではないのですが、これが東大卒の農家だと、急に珍しさが出てきます。全国を見渡せば、東大卒の農家も一定数は存在しているかもしれませんが、SNSで発信している人のなかでは、ほぼ唯一無二の発信者になれたのではないかと思っています。

SNSのコンセプトは、どのような人に・どのような情報を・どのような形式（フォーマット）で届けるか、というものです。アカウントを作成したら、今度はどれだけユニークなコンセプトで発信できるか。これまでにあまり見たことがない希少性をどれだけ出せるかが重要です。

やっぱりありふれたものは、目に留まらなくなります。例えば、街の通行人に「ストリートスナップ（※3）を撮らせてほしい」と声を掛けて、そのときのやり取りや撮影した写真を発信しているアノニマスさんという方がバズったことで、類似のアカウントが急増しま

※3　街頭で見かけたおしゃれな人を撮影した写真。

した。けれどもそれが、犬の散歩をしている方に声を掛けて、飼い主ではなく犬をメインに取り扱うようにすると、同じストリートスナップでも希少性が生まれ、ユニークで新しいアカウントになるのです。

農家というコンテンツも、組み合わせや露出の仕方によっては珍しいアカウントが完成するので、目に留まるコンセプトをちゃんとつくることが命題でした。その点、僕は「東大卒×農家」というだけで、ユニークさはほぼ達成したと言えます。それをきちんと設計できるかどうかが、ＳＮＳを伸ばす上では一番重要だと思っています。

最初の動画を出すまでは、特に動画素材を集めるのに時間がかかりました。素材が集まってから、編集して発信できる状態にまで仕上げられたのは２０２４年５月半ば。ＳＮＳのコンセプトを決めてから実に２カ月、農作業を始めてからは１カ月半が経過していました。

視聴者が応援したくなる存在は可能性を感じさせる弱者

SNSでは今、何者でもない人（＝弱者、無名な人）が成功者（＝強者）になるドキュメンタリーに、需要があります。僕のアカウントも、弱者が強者になっていくというドキュメンタリーの構図に当てはまるような発信を心がけています。

なぜなら、人間は判官贔屓（※）だから。自分よりも立場の弱い人を見ると、応援したくなったり、これからどうなっていくのかが気になったりするのです。

その上で、何者でもない人の見え方がとても大事です。何者でもない人がいろいろなものを持ち合わせていたら、きっと成功者になるだろうと予測できてしまいます。それでは、見ていて面白くない。それに、自分よりも格上の人を見続けたいという感情になりづらいのが人間です。

テレビなどのメディアでは、すでに成功者となった方の過去を取り上げる企画はよくありますが、何者でもない人が成功するまでの過程をリアルタイムで追うのは難しいもので

※不遇な者や弱者に同情すること。競争や対立の場面で、勝利の見込みが少ないとされる者やグループなどに同情してしまう心理現象（＝アンダードッグ効果）。

す。密着するにはお金がかかりますし、何より本当に成功するかどうかわからない、つまり企画として成立するかどうかが不透明だからです。

SNSの強みは、お金をかけずに、何者でもない自分が成功するまでを一連の流れで動画投稿し続けられる点にあります。マスメディアにはできないことだからこそ、一般の方が見ていて面白いと思いますし、需要があるのです。

自分より強い立場の人たちというのは、うらやましがられるのと同時に、引きずり落とされやすい立場にあります。どちらかというと足を引っ張られてしまうのです。一方で、自分より立場が弱い人には「頑張って！」と応援したくなります。

また、人間は自分の行動に理由づけしたがる生き物なので、応援しやすい理由が明確なのはメリットが大きいといえます。僕の場合は、弱者のポジションとして、「廃業寸前の農家」「年収15万円」といった点を当てはめました。そして、じいちゃんの農業経営を立て直し、地域の農業を守り、儲かる農家になっていくことがゴールであるというストーリーに仕立てたのです。そこまでの過程をちゃんと発信し続けるだけで、面白い動画の発信が可能になります。

設定要素や投稿に応援したくなる要素があることも重要です。ちなみに僕自身は、自分の発信の見返りとして「応援してほしい」というよりも、「応援しやすい人物でありたい」と思っています。ＳＮＳやそれから派生する販売は、自分ひとりではなく、知ってくださった方々の応援や協力があってこそ成立するからです。

応援したくなるポイントはふたつあります。

ひとつは視聴者よりも立場が弱いこと。僕の場合、廃業寸前の農家を継いだとか、東大を卒業すれば平均年収が30歳で１０００万円弱、40歳で１２００万円弱の世界があるにもかかわらず、キャリアを捨てて儲からないイメージの強い業界に入ったことなどです。そしてそれを嘘偽りなく、包み隠さずに発信していることも重要です。

もうひとつのポイントは、とはいっても立場を弱くしすぎてはダメだということ。目標を達成できる希望や可能性が見えてこず、「この人に何ができるのか？」というふうに見えてしまうからです。僕の場合、この点をクリアできる要素が東大卒という肩書でした。うまい具合にバランスが取れていて、応援したくなるという弱者的な要素と、「この人はもしかしたら何かやってくれるかもしれない」という希望の要素とが合致したことが、個人的には大きな強みになったと思っています。

そのほかに、リスクを取ることも、応援したくなる要素になるかもしれません。僕で言

うと、廃業寸前の農家を継いだというリスクを取っているからこそ、この先どうなってい
くのかが気になるというところにもつながります。
　また、投稿に一貫性があることも重要です。例えば、食事・観光・育児などをごちゃま
ぜに投稿していると、なんのアカウントかわからなくなり、動画単位で見れば再生数の伸
びる可能性のある投稿ができても、実際には伸びないアカウントになります。だからこそ、
どのような人に・どのような価値（内容・情報）を・どのような形式（フォーマット）で届け
るかというコンセプトと、その背景設定や人物イメージ（ブランディング）をブラさない発
信ができるかがカギとなります。

強烈なメッセージになったじいちゃんのSNS登場

僕は農業を始めてまだ日が浅く、2024年に初めて農家としての1シーズンを経験したばかり。農業経験ゼロの部分はじいちゃんでカバーさせてもらうことも、SNS戦略のひとつになりました。

本音を言うと、じいちゃんを表に出すことについては葛藤がありました。SNSはあくまで僕が発信するものです。2025年までに経営移譲（※）を完了させ、以降は僕が経営していくことが前提にあったので、僕だけが表に出るのでも問題はありませんでした。自分が思っていることを言葉にするのが苦手なじいちゃんに、SNSでしゃべってもらうのはなかなか難しい。それに、体力的にあと何年農業を続けられるかわからないじいちゃんを表に出しすぎてしまったら、僕ひとりになったときにSNSが成立するのか、ということもありました。

しかしながら、農業1年目の僕の生産知識がないことが見えると「本当においしいお米

※農業経営の権利を、後継者か第三者に移転すること。

をつくれるのか？」という捉え方をされてもおかしくありません。それに、そもそも保証年収15万円という時点で、疑問視されるところもあります。儲からない農家とおいしい農作物ほどミスマッチなことはないのです。最終的には農業経験60年のじいちゃんが、僕の弱点をカバーしてくれることになりました。

発信するようになってから気づいたのは、ＳＮＳを見ている方からすると、説明的で学びになる発信よりも、感情を共有できる動画のほうが見る理由になるということです。例えば「日本を変えたいです！」と言っても、その感情を理解できる人はあまりいないと思うのですが、「じいちゃんのつくってきた米を守りたい！」という家族愛的な感情は、多くの方が理解できる感情であると思います。じいちゃんが登場したことによって、僕が伝えたかったことが視聴者に伝わり、さらに広がっていったというのはすごく感じました。思わぬ相乗効果でした。じいちゃんに登場してもらわなかったら、きっとここまで伸びていなかったと思います。

経営状況は決して良くなく、その上に農業の経験も知識もまだまだの僕ですが、「助けてください」とは決して言わないようにしています。このフレーズから始まる動画はよく目にしますが、実際には、結構毛嫌いされる言葉でもあるのではないかと感じています。

誰かが与えてくれるのを待っている受け身の姿は、物事に向き合う姿勢として、瞬間的には良くても、長い目で見たときにはマイナスの印象しかありません。

僕は、問題解決の糸口を自分で見つけ、自ら行動を起こす考え方で、それをベースに発信しています。まずは「こういうふうにしました」「こういうふうにします」「こういうふうに思っています」と、自分の行動プランや立場を明確にします。その上で、それに乗っかって一緒に歩んでくれる方（応援してくれる方）がいらっしゃるのであれば、具体的にどんな行動をしてもらえたらうれしいのかを示すようにしています。最初から与えてもらうことが前提の言い回しはしないように心がけています。

自分の伝えたいことを誤解なく伝える上で重要なのは、「誰が聞いても同じ解釈になる文章を目指す」ことです。小説であれば、意味を考えさせられる魅力的な文章が求められるのかもしれませんが、SNSは脳をからっぽにして見る、流れてきた動画を無意識的に見る、という方が多い。そのため、考えなくても同じ解釈にしかならない文章が、最もストレートに伝える方法だと感じています。

加えて、受け取る側の視点で、こういうふうに言われたらイヤだなとか、なんかウザいなとか思われないような言い回しを慎重に選びます。伝えたいこと、いわゆるメッセージの核は同じだとしても、なるべく多くの方にとって良い印象が残る言葉を取捨選択するのです。

言葉のインパクトも大事にしています。例えば「年収15万円で米をつくっています」というセリフ。年収15万円というのは普通ではあり得ないインパクトのある言葉です。実は、最初に僕が考えていたセリフは「農業年収は15万円です」でした。でも、冒頭の〝農業〟という言葉で離脱する方は多くいます。それよりも年収15万円というパワーワードを先頭にもってきたほうがいいということで、前述のような表現になりました。農業の2文字があるかないかという些細な違いに感じられるかもしれませんが、そこにあえてこだわることが大切です。

冒頭のフレーズだけは「ちょっと弱いんじゃない?」と、動画編集を担当している弟が口を出すことがあります。YouTubeの切り抜き動画を編集してきた弟の経験上、冒頭のインパクトがかなり重要で、YouTubeであればサムネイル（※）のワードの盛り具合が再生回数に大きく影響するらしいのです。ワード選びの感性は、弟から吸収している部分もあります。

※ひと目で動画の内容を大まかに把握できるようにするための見本となる画像。

伝えたいことが伝わるのは自分自身の言葉

誰に向けて発信しているのかを明確にすることは、需要の高いアカウントを設計するのと同じくらい大事です。

僕がＳＮＳで発信し始めた当初、農業系発信者の大半が農作業の発信をしていました。トラクターを運転したり、田植えでまっすぐに植えられたと喜んでいたり……。そういう動画がものすごく多く、それを見るたびに、「これは誰に向けて発信しているのだろう？」と疑問に思わずにはいられませんでした。僕は、ただ日常を切り取るのではなく、売上を上げるためにも一般消費者に届けたいと思っていました。お米を購入することが多いのは、おそらく家計を管理し台所に立つ機会の多い女性です。そのため、ＳＮＳで農業について発信するのなら、30代後半から60代くらいまでの女性に届くのがベストだと考えていたのです。

トラクターに乗っている映像を見ても、ほとんどの女性は興味がないでしょうし、面白いと思う方も少ないと思います。だからこそ、発信する目的と、実際の発信内容が99パーセント噛み合っていないと感じてしまいました。そこで僕は、発信する主対象を30代～60代の女性に絞った上で、売上を上げる目的に絞るとすれば、トラクターを中心に据えた発信は絶対にナシだと確信しました。背景映像は農作業でありながら、農業ではない発信で、視聴者層と考えている女性が見たときに面白いと感じたり、心を動かされたり、見る意味があると思ってもらえるような発信をすることを心がけるようにしました。

お米の購入につながることが目的なので、極端な話、お米を買ってもらえるなら農業に関する発信ではなくてもいいと考えていました。農業関係者に限らず、ほかの業界の方にもいえるのですが、何のためのSNSアカウントで、誰に向けて何を発信するのかはよく考える必要があると思います。そこが固まれば、発信の内容はある程度絞られます。あとはユニークなポイントを肉づけすることができれば、SNSのフォロワー数はある程度まで伸ばせると思います。

言葉遣いや言葉の選び方、話すスピードも大切です。自分がメッセージを届けたいと考えている方々が理解できる水準と、聞き取りやすいスピードに設定します。

世間一般的には、SNSの縦動画は早口でしゃべるのが普通で、そうした動画が多く出回っています。文章と文章の間はなく、むしろ前の文の最後と後ろの文の最初が重なっているような投稿ばかり。そのほうが伸びるといわれていたのですが、僕はターゲットの年齢層が30代よりも上の方なので、ゆっくり話して聞いてもらったほうがいいのではないかと考えました。一般的な動画の1・2倍から1・5倍はゆっくりしゃべっています。普段の僕の話すスピードよりも少し遅いくらいでしょうか。

余談ですが、日常会話では、話す相手や話の内容によってものすごく早口になるときもあります。弟と話しているときは、体感的にSNSの投稿の3~4倍のスピードでも会話が成立します。弟は「こんなに早口な人っているんだ！」というくらい早口なので（笑）、僕もつられて早口になります。じいちゃんとしゃべるときは、SNSの投稿と同じくらいでしょうか。高齢になって耳が聞こえづらくなっているのもあり、なるべくゆっくりしゃべらないと、伝わらないこともあるからです。

その上で、なるべく専門用語は使わず、誰もが理解できるような表現を使います。難しい言葉が出てきたら、別の言葉に言い換えられないかを考えます。ただ、そのすべてを簡単にしてしまうと、東大卒という部分が薄れてしまうので、そこは時折、学がありそうな言葉をあえて選ぶようにしています。あるいは、簡単すぎても伝わりづらくなることがあるので、そんなときも言い換える言葉がないか探します。

台本を考えるときはまず、パソコンやスマホに思いついたことをガーッと書き出します。そこから、発信の内容（題材）と結論（伝えたい思い・考え方）を決めてから動画の構成を考えます。伝えたい思いや考え方が動画の結論です。そこにたどり着くまでの体験談や気持ちの変化、考え方の正しさの裏付けなどを付け加えていくようにして台本を作ると、納得のいくものになります。言葉のチョイスにどうしても行き詰まったときは検索しますが、基本は自力で思いつく表現を使います。それが最も伝わりやすい言葉になると思うからです。

自己満足もあるかもしれませんが、どれだけ手間をかけたかで農作物がおいしく感じられるのと一緒で、台本もどれだけ一生懸命向き合ったかが、どれだけ伝わるかに直結すると感じています。最近では人工知能（ＡＩ）のレベルが上がってきていて、文章も作れるようになってきています。とはいえ、ＡＩを使うと、特に感情的な表現は薄っぺらくなる気がします。きっとＡＩは、そういうところがまだうまくできないのだと思います。だからこそ、僕は自分自身の言葉で伝えたいと思っています。

ＳＮＳが伸びたときこそ勝負
批判も覚悟で交渉に奔走

ＳＮＳは目まぐるしく変化するものです。そのたびに新規の発信者が現れるため、投稿をやめた瞬間に忘れられて、いつの間にかいない人になっているような世界だと感じています。ＳＮＳでバズって一気に知名度が高まったはいいものの、この知名度を生かして商品を売っていくのには、期限があると思っています。

今は、お米を買いたいと言ってくださる方がたくさんいます。実際に食べてもらうことでリピートにつながれば良いのですが、そうでなければすぐに忘れ去られるだけです。ＳＮＳは生鮮食品のようなもので、その賞味期限は短いのかもしれません。そのような理由から、１年目の２０２４年にお米を売らないという選択肢はありませんでした。

僕が農業を始めるタイミングで卸業者の社長さんに相談したとき、生産よりも販路拡大に力を入れるべき、という旨のアドバイスをいただいた上でＳＮＳを始めました。僕自身は販路をつくることができれば、今年から生産したお米の一部を卸さずに、自分たちで販売させてもらえるものだと思っていました。実際にどのくらい自分で販売しても大丈夫なのかを確認したかったのですが、なかなか社長さんの都合がつかないまま、出荷予定数量を提出する時期に。そのため、いったん出しておいたほうがいいだろうと、じいちゃんが提出してくれました。じいちゃんも僕も、あくまで社長さんと交渉するつもりでいたのですが、結局、提出した予定数量で決まってしまい、「今年は卸してもらわないといけない」と言われたのでした。

僕としては、SNSが伸びている今こそ販路を拡大できるチャンスであり、なんとしてでも販売しなければいけないと思っていました。契約内容や予定通りに出荷しなかった場合のペナルティーの有無などについて確認すると、卸すのが当たり前だったため、じいちゃんは「わからない」と。とはいえ、このタイミングで僕が動かなければ、この年も赤字になることは目に見えていたため、僕はあらためて社長さんのところへ行きました。2024年は米価が上がり、結果的には全量出荷でも赤字にならずに済んだと思いますが、この交渉をしている段階では、自分で販売する選択をしなければ普通に廃業ルートだったと思います。農業を続けられるかどうかの瀬戸際でもあったので、先方も妥協点を探ってくださり、契約を白紙に戻していただきました。

この話をSNSでも発信したところ、かなり再生数が回りました。おそらくこの投稿を見た方から「不義理だ」とコメントされたことも影響しているだろうと思います。

たしかにその通りだと思う部分もある一方で、誰もが納得できる状況に落とし込めなかったことが、僕の達成できなかったポイントだと認識しています。愚直に米をつくり続けていれば経営状況が改善されるわけでもないなかで、農家として生きていくために改革を実行した結果、それを良しとせず批判される。儲けるためにどちらかを蹴落とすような関係性・構図はとても難しく、良くないのではないかと感じています。

また、みんなが足並みをそろえていないとダメという雰囲気もあります。「自分だけ儲けようとするのはけしからん」という考え方は、農業界の将来を考えたときには決してプラスには働かないと感じています。たとえ不義理だったとしても、僕としては今回の行動を取ったことに何かしらの意味があったと思っています。

ちなみに、山形県のブランド米である「つや姫」は、県が生産量や販売先を管理しているとても珍しい品種です。だからこそブランド力が保たれているのですが、卸先の契約を破棄して個人で販売するのは違反ではないのか、というコメントもたくさんいただきました。これについては、山形県農林水産部 県産米ブランド推進課生産戦略担当に問い合わせました。「販売先について、このようにさせていただきたいのですが、大丈夫でしょうか」と確認し、問題ないという回答をいただいた上で販売しています。

お米の販路もそうですが、そのほかにもすべてがSNSで解決することを実感しました。お米のパッケージの作成も、通販サイトの作成も、すべてSNSでのつながりに助けられてここまでやってこられたという思いです。SNSで募集してつながったケースもありますし、問い合わせフォームを設置していて、そこに「何かお手伝いしましょうか」とご連絡をいただいたことでつながったご縁もあります。また、SNSが伸びたことによって僕を知ってくださった方が、地元の農業法人の社長さんとつないでくださったことがきっかけで、精米を請け負っていただいたこともありました。

このご縁は、今後も続いていくものと考えています。現在、通販サイトはあるのですが、それとは別にホームページを作成する予定です。ホームページでは一緒に仕事をしてくださっている皆さんを、できれば顔写真つきで紹介したいと思っています。その目的は写真をタップやクリックをすれば、その方のサイトに飛べるようにすることで、ご縁をつなぐこと。僕がSNSを通してご縁をいただき、農業の経営をしていく上で携わってくださった方々をさらにつないでいけたらうれしいです。

戦略に踊らされていないか？ SNSがその人のリアルとは限らない

ＳＮＳを見てくださっているほとんどの方は、投稿を前向きに受け止め、応援してくださっていますが、1~10パーセントくらいはいわゆるアンチの方々です。発信側としては、アンチの存在は仕方ないと理解しています。割り切れる人でなければ、そもそも発信側には向かないと思っています。

発信側は割り切る必要がありますが、だからといってアンチの存在を容認するわけではありません。叩いていいという感覚になってはならないとも思っています。突如として現れて注目を集める新参者などは特にターゲットになりやすいのですが、何かに挑戦したい人や、何かを頑張っている人の足を引っ張ろうとする風潮があることで、日本全体の発展を阻んでいるのではないかと感じることがよくあります。

僕は、アンチコメントがきたとしても基本的には相手にしないようにしています。ただ、表現によってはまったくの無傷とはいえないこともあります。１００個の応援コメントよりも、たったひとつのアンチコメントのほうが記憶に残るのは間違いありません。それは数が少ないからというのもありますし、人は肯定的な情報よりも否定的な情報に注意を向けやすく、記憶にも残りやすいそうです。これは、大昔に、人類が生き延びるため、リスクを回避するために身についた性質ではないかと考えられています。失敗から学ぶことのほうが多いというのも、関係あるかもしれません。

例えば、東大というワードを使って自己紹介をした投稿でも「自分を特別だと思っているんだろう」というようなコメントがいくつか来たのですが、僕は、農家というのは誰もが特別な存在であり、特別な潜在能力を持っていると思っています。それぞれが独自の生産方法やこだわりを持っているので、そもそも特別じゃないことのほうがおかしいと考えているのです。さまざまな物語や背景を持っているなかで、それを発信するかどうかは人によって異なり、僕は発信することを選んだというだけのことです。もちろん、東大卒というワードを使うのはSNSの戦略であって、普段、自分から言うようなことはありません。

SNSの運用状況を分析してみると、僕のSNSのフォロワー様の9割は僕より年上の方です。年齢的な面もありますし、すべてのコメントに反応することが難しいこともあるため、基本的には言われっぱなしの状態です。しかも、言われたことに対してリアクションしたときに、返し方を間違えるとさらに叩かれることもあるため、発信者側が圧倒的不利と言えます。高圧的な言葉を掛けてきたり、アドバイスをしているつもりで全否定するような言葉を掛けてきたり。自分のエゴを押しつける方もよくいますが、どうしようもないというのが本音です。自分のコメントで相手がどう思うのかなど、考えていない方がほとんどなので、普通に考えたら名誉毀損といえるような内容のものもあります。発信者側の立場としては、相手がそれを見たらどう思うのかをもう少しだけ考えた上で発言をしていただけたらと切実に思います。

とはいえ、全体の9割以上は丁寧なコメントをくださって、本当にうれしいです。SNSをしながら農作業もして、さらに販路拡大に向けた取り組みもしていると時間が足りず、「もうちょっとやっておきたかった」「こうしたかった」という状態で1日を終えることもよくあります。寝る前は毎日のように、あとひと踏ん張りが足りなかったなと反省するのですが、そのときにSNSでいただくコメントやDMを見ると、もうちょっと頑張ろうと背中を押してもらえる気がして、活力をいただいています。

いただいたコメントから着想を得ることもあります。例えば、サブスクのような形で、定期便でお米を買えるようにしてほしいとか、インターネットやスマホ操作に明るくないので詳細な購入手順を投稿してほしいなどといった意見を見て、実際にやってみようと思うこともあります。何かに挑戦して突っ走っていると、良くも悪くも目の前のことしか見えておらず、視野が狭まることがあるので、皆様のご意見やご要望が経営改善につながることは少なくありません。

余談ですが、SNS上ではすごくとがった発言や、奇抜な見た目、ファッションをしている方がいらっしゃいますが、実際にお会いしてみると、長く生き残るクリエイターさんほど常識的な普通の人ということがあります。一般的な感性があるからこそ、その逆を行く。嫌われそうなキャラ、もの珍しいキャラをあえて演じているのです。SNSを伸ばすための戦略と、現実世界をうまく生き抜くための戦略は別物。切り離して考える必要があります。多くの一般の方は、SNSのキャラがリアルだと受け止めているかもしれませんが、発信者側はクリエイターですから、わかった前提でやっている方が多いと思います。「この投稿をしたら、こういうコメントが来るかもしれない」と最初から予測していますし、現実世界で同じことをやったり言ったりしたら良くないこともわかった上で発信しているのです。

言葉で伝える努力をしながら「おいしい」を追求

今は、いい商品だから売れるという時代ではなくなってきました。その商品に対する思いやストーリーといった、別軸の付加価値が絶対に必要だと感じています。別軸の付加価値をのせるためには、思いを伝える努力が重要です。伝えたい思いが伝わらないからこそ、なんとしてでも言葉にして伝える努力をするのです。農作物のように生産者が存在するものに関しては特に、不可欠だと思っています。

思いを伝えるためにはまず、恥ずかしがってはいけません。自分の思いを伝えることが苦手という方は多いものですが、気持ちは伝えなければ思っていないのと一緒です。感謝の言葉も、謝罪の言葉も恥ずかしがらずにきちんと伝えるべきです。

また、中途半端にならないことも大切です。自分を良く見せようと見せ方にこだわるあまり、発信内容が中途半端になってしまうことがありますが、年収が少ないことも、自分のコンプレックスも、思い切って出していけば立派な武器になります。

以心伝心や、言わなくてもわかるということはなく、思っていることは言葉にしなければ伝わらないのです。現実世界なら、言葉よりも行動という面もあるかもしれませんが、僕は行動よりも、まずは思いを伝えることが重要だと思っています。その上で行動するのです。これは自分自身の経験というより、中学生の頃に好きだったダンス&ボーカルグループ・三代目 J SOUL BROTHERS from EXILE TRIBEの影響です。僕は『PRIDE』という曲が好きでよく聞いていたのですが、その中に「思いを伝えなければ、何も思っていないのと変わらない」という意味合いの歌詞があり、ハッとさせられました。それからは、言わないと伝わらないという思いで生きてきました。伝え方を間違って失敗したことはたくさんあるのですが、伝えなくては失敗することもできません。

いい商品なのに売れないということを本質的に考えてみると、いい商品、同じような商品があふれているから売れないということがいえると思います。例えばお米なら「◯◯コンテスト金賞受賞」という肩書がついているものがありますが、道の駅などに行くとほとんどのお米が金賞ということがよくあります。

自分で販路を開拓しようとしている農家さんが、顔写真つきで商品を販売していることもありますが、生産者の顔が見える商品や農作物も、今となってはあふれ返っています。顔写真を載せれば売れる時代は終わったといえると思います。せめて載せるのなら笑顔であることが必須条件です。笑顔のない写真は、真面目で実直そうに映るならまだしも、怖そうに見えるのならばむしろマイナスになります。笑顔が好印象であれば、写真がきっかけで商品が売れることもあるかもしれませんが、その先へ行くには、やはり思いをちゃんと届けることが大切です。

ただし、思いを届けている「つもり」では、意味がありません。例えば、チラシに文章を書いて「思いを載せました!」と言っても、見てくれている人は案外少ないものです。見てほしいのであれば、書くだけでなく、例えば目立つようなデザインにするなど、さらに見たい・読みたいと思ってもらえる工夫が大事です。書いたから、発信したから思いが伝わるかというと、それは成立しているとはいえないと思います。

付加価値をつけることだけでなく、やっぱりより良い商品を消費者に届けるという点で、米農家として死ぬまで「おいしい」を追求し続けたいと考えています。

じいちゃんはこれまで60年、まさに人生をかけて米づくりをしてきました。その後を継ぐにあたり、僕も人生をかけて米づくりをしなければいけないという覚悟でいます。では、米づくりに人生をかけるとはどういうことなのかを、自分なりに掘り下げてみたときに、どうせつくるのなら誰もがおいしいと思えるような米づくりを追求し続けることだという思いに至りました。

そのためには、僕はこれからもおそらく多岐にわたる活動をしていくと思うのですが、そのなかでも米づくりだけは毎年やり続けたいと思っています。その年の気候や土壌条件などによって、お米の味は毎年変わると言われています。おいしいを追求するということは、現状維持ではできません。前の年につくったものより1パーセントでもいいお米をつくることができれば、1パーセントの変化がある。その1パーセントの変化を重ねていくことが大切です。そういった意味で、一般的には「毎年味が変わらない」ことを価値とするのですが、利休宝園（※）では「味が変化する、変化していく」「おいしくなっていく」お米であることを価値としました。生涯をかけて「おいしい」を更新し続け、皆さんに届けることが僕の使命だと思っています。現在26歳の僕が生涯でできる米づくりの機会は、まだ50回以上あると思っています。毎回おいしさを更新するためには、極端な話、今ある品種でこれ以上おいしいものはつくれないとなれば、品種を開発するところから始める必要もある。そのくらいの意気込みで米づくりに邁進する所存です。

※著者とじいちゃんが米づくりを営む農地の名称。

食べるまでの体験を通じて高い価値を感じられる商品づくり

当たり前のことですが、おいしいお米をつくったら僕の仕事は終わり、というわけではありません。お客様のもとに届け、実際に食べてもらうまでが勝負です。そして、お客様に手に取っていただくための創意工夫は、ここまでに記してきた通り、ＳＮＳでのご縁を通じて随所に盛り込んできました。

今も印象に残っているのですが、大学生の頃にネットショッピングで服を購入したとき、服自体は良かったものの、梱包が雑で残念に思ったことがありました。商品自体は良くても、梱包が悪いだけでマイナスの印象になることがあるのだと感じた出来事でした。そのことをきっかけに、商品を実際に使ったり消費したりするまでのすべての工程が、お客様にアピールできるポイントなのだと考えています。

例えば、通販サイトで商品を売るときに、何回「いいね」と思ってもらえるか。サイトを見たとき、届いたときの梱包が丁寧だったとき、商品のパッケージが良かったとき。商品を開封したときの匂いがいいかどうかもあるかもしれません。購入した時点での期待値が、注文して届いた段ボールや梱包状態、パッケージなどによってどんどん加点されていくことが理想です。

お米なら、食べる直前まで常においしさの期待値が、加点や減点を繰り返しているようなイメージでしょうか。どこかに減点があれば、その分、おいしさの期待値は下がっていきます。

おいしいとかまずいとかいうのが、生産者の力量やお米そのものにあるのはたしかなのですが、お米の味の違いというのは、本当に微妙なものでしかありません。だからこそ、お米を食べたときにおいしいかどうかを決めるのには、それ以外の部分がかなり影響するのではないかと感じています。

もちろんいいものをつくることは大前提ですが、その上で、その後のすべての過程においても妥協しないことが、本当においしいと思ってもらえるためのポイントです。大手通販サイトのレビューを見ても、「届いたときに段ボールが破れていた」「汚れがあった」というように、届いた商品ではないところで星の数が少ないことがよくあります。このことからも、注文してから消費するまでをストーリーとして捉えていることがわかります。

だからこそ、僕は購入体験そのものを大事にしてほしいと思っています。例えば、ハイブランドの洋服は結構な値段がします。ちょっとロゴが入っているだけでシャツが5万円も10万円もする世界です。「なんでこんなに高いの？」と思ってしまうのですが、その値段は、商品そのものの価値というだけでなく、「○○のシャツを買った」という事実や、それを実際に着てみたり、友達や家族に買った話をしたり着て見せたりするといった体験の対価でもあるのではないかと思っています。

それは、お米や農作物にも言うことができます。食べるまでの体験を通じて、その商品に高い価値を感じてもらえるか。きちんと利益を出して、農家として生き残れるような金額で売るためにも、本当に重要なことだと考えています。

誰がつくったかわからない米粒が5キロ集まったとしても、正直にいえば2000円台から3000円台くらいにしかならないと思っています。それは商品そのものの価格なので変えようがない部分なのですが、ここに付加価値がのったときに、いくらくらいの価値があると感じてもらえるか。そこまで楽しんでもらえるためにやっています。

日本一おいしいお米をつくるレジェンド農家で、遠藤五一さん（山形県高畠町）という方がいらっしゃいます。日本最大のお米のコンクール「米・食味分析鑑定コンクール」において4年連続で金賞を受賞し、現在日本に7名しかいないダイヤモンド褒賞受賞者のおひとりです。遠藤さんは講演で、お米の金額の半分はお米そのもの、残りの半分は生産者や思いといった別の要因で決まるとお話しされていました。

米農家として、思いを伝えるのも、生産するのも、食べてもらうまでの過程も、すべてにおいて本気で取り組むことが大事だとあらためて思います。

SNSで募集したデザインの中から、フォロワーの皆様に選んでいただいた特別なパッケージ

一般の方に理解されづらい価格設定のカラクリと無農薬のリスク

米農家として活動するなかで、消費者の方々になかなか理解されないこともあります。例えばお米の価格。近所の農家さんから直接お米を買う方は、スーパーで買うより農家さんから買った方が安いのが当然と思っていらっしゃるのではないかと思います。例えば、スーパーだと5キロで3000〜3500円くらいの品種のものが、農家さんから直接購入すると2000〜2500円くらいで買える。そうすると3000円のお米は高いという価値基準になってしまいます。

でも、例えば5キロ4000円のお米は、茶碗1杯(180グラム)だと70円程度なので、高いと言っても相当安いと思います。調理の手間はかかりますが、パン1個、あるいはコンビニのおにぎり1個と比べても、かなり安いのではないでしょうか。

生活の観点では、物価の高騰が続いている現代では価格が重要な要素で、より安いものを求めるのは自然な流れでもあるかと思います。しかしながら、日本の農業を守るという観点からいうと、安いだけがすべてではありません。農家の方々の採算が取れることも、ものすごく重要だと思っています。

2024年、僕は採算が取れる金額で販売することを重視したのですが、その考えでいくと、スーパーの価格帯よりも少し高くなってしまうことをSNSで発信しました。それに対して、「個人で販売するのに、スーパーの価格より高くなる意味がわからない」というコメントをたくさんいただきました。

農家から買うなら安いというイメージがつきすぎていますが、これにはしっかりと理由があります。個人の農家さんが近所の方に売る分には、販売の手間がかかりません。農協や卸業者よりも高く買ってくれさえすれば、ビジネスとして問題はありません。少なからずプラスにはなるのです。

一方で、独自の販路を持っている農家さんは、販売に相当な時間と労力を使っています。僕であればSNSもそうですし、パッケージをつくったり、通販サイトを開設したり、そのためにいろいろな交渉をしたり、本当にさまざまな工程があります。そこに時間をかけた分、付加価値だと理解してくださっている方もいらっしゃいますが、そこが考慮されにくいのです。

販売に労力をかけるということは、諸経費や人件費がかかっています。農協や卸業者であれば、大ロットでかなり多くの数を一度にさばくので、その分、ひとつあたりにかかる経費はかなり下がります。一方、個人農家ができるのは小ロット。オリジナルのパッケージをつくって売るようなパターンの販売に関しては、どうしても価格は高くなります。そのあたりの理解がない状態で「安くて当然」と思われているのは、伝え切れていないからで、自分の力不足を痛感するところです。

お米を販売するためには、生産・加工（精米〜製品化：パッケージ化）・販売の3ステップがあり、通常はそれぞれのステップを異なるところで行っています。それを農家が、生産から精米、さらには販売まで一手に担うと考えたら、生産だけやっている農家から近所のよしみで安く購入できるのとは別だということを理解していただけたらと思います。

もうひとつ、農薬は悪だと思われている方も多くいらっしゃいます。無農薬信仰は増加傾向にあり、僕もSNSを通じて「無農薬でつくってください」「無農薬以外はダメだ」というようなコメントをもらいます。

これも誤解されているところがあります。人への農薬の影響は、いくつもの動物実験など多方面から評価されるものです。そして、農薬による有害な影響がないと考えられる結果のなかで最も毒性が低い量に、さらに100分の1をかけて人に適用しています。つまり、使用法さえきちんと守れば、農薬はほぼ残留せず、人体に悪影響を及ぼすことはない前提なのです。

そもそも、農薬を誰よりも吸い込んでいるのは農家です。けれども、農家の方が農作業中の農薬散布が原因で病気になったり、亡くなったりしたというニュースは聞いたことがないと思います。

それに、農薬を使わないほうが、農家にとってはリスクが大きいといえます。例えば、稲が雑草に負けてしまうと収穫量が減り、大きな赤字を生み出してしまうことになります。害虫による被害などについても同様です。安定した生産のため、そして農家の負担を減らすためには、ある程度の農薬の使用はご理解いただけたら幸いです。

使わなくてもいいのであれば、農家の方々も使いたくないと思っているはずです。僕も使いたくはありません。けれども収穫量、ひいては収入にも影響するおそれがあることを考えると、無農薬がベストという判断にはなりません。そういった背景があることを少しでも知っていただけたらと思います。

仕事を任せたい人に共通する伝わってくる思いや信念の強さ

ようやく2年目を迎えようとしている僕は、米農家としてのキャリアはまだまだ初心者といえますが、お客様に僕のキャリアは関係ありません。お客様が求めるのは、その商品がいいかどうか、そして価格に見合った価値があるかどうかだけです。そのため「1年目だからできない」「1年目だからクオリティが低くても仕方ない」は許されませんでした。どうすれば良いかわからないことも多く、毎日のように頭を抱えていました。

そのような状況のなかで、生産も販路拡大も、さらにはSNSもそのすべてを一手に引き受けなければいけないのは、相当ハードでした。そこで、生産は僕がメインでやるので、加工や販売においては、可能な限り外部に委託したのは先にも記した通りです。

ただ、委託するとなったときに、誰に任せるのかを判断するのは僕です。どのくらいのことができるのか、どのくらいの金額でできるのか、さらにはどんな人なのか。知識がないなかで、そのあたりをすべて判断しなければならないのも大変でした。

SNSでも1万人以上のフォロワーがいるような方であれば、そのパワー自体が信頼に値すると考えて、割とすぐにお願いすることができました。その一方で、SNSでパワーを持っていない方、ビジネスアカウントではなくプライベートアカウントでご連絡をくださる方など、その方の仕事の力量がわからない場合には、必ずオンラインで面談をしてから決めました。

基本的には話をする前の段階で、依頼するかどうかをほとんど決めていたので、実際に話してみた結果、依頼しなかったというケースはありませんでした。その際、判断材料になったのが文章です。文章には人柄が出ます。長文のメッセージをくださった方からは信念が伝わるというか、そこで思いの強さを判断することができました。

僕自身、何かをする上では、懸けている思いや、今後どうしたいのか・どうなりたいのかという意向をとても大事にしています。強い思いや信念のある方というのは、思いを伝えるために結果として長文になってしまうもので、そういう方を中心に仕事を依頼しました。短い文章で「詳しいことは直接お話しできればと思います」と送ってこられた方については、今回は依頼に至りませんでした。

そこはもちろん、選ぶ人の価値基準によって異なります。長文の文章を送ってこられても読むのが大変だから、簡潔なメッセージを送ってきて、すぐにコンタクトが取れそうな方のなかから選ぶというのも、もちろん方法のひとつだと思います。けれども僕は、2024年に関しては特に、協力したいと言ってくださった方が多かったので、送られてきた文章を読んで思いを感じる方にお願いをさせていただきました。

外部に委託した仕事のなかで最も試行錯誤したのが、わが家の農園「利休宝園」のロゴマークを作成することです。2024年6月に知人を通じて紹介していただいた方と、オンラインで話をした上でお願いしたのですが、ピンとくるアイデアがなくなかなか決められずにいました。ロゴマークに込めた僕の思いやこだわりが強すぎたこともあったのですが、妥協はしたくないので、別の方にお願いしました。ところが、その方のアイデアからも自分の納得いく案が出ず……4人目の方の案でようやく決めたときには3カ月以上経過していました。

ほかの仕事も走らせているわけなので、ロゴマークだけが決まらないと、いろいろなところにしわ寄せがきます。それを考えると、妥協することもできたかもしれないのですが、農園のロゴマークは、これからの自分の未来、向かう先を決めるものだと思っていたので、こだわりを捨てずに貫きました。

最終的な決め手はあっさりしたもので、直感的にいいなと思えたからです。もともと僕がイメージしていたのが、「利休」という名前を歴史上の人物からとっていたこともあり、家紋風で高級感のあるデザインでした。加えて、お米っぽい雰囲気も含んでいながら、ごちゃごちゃしすぎないもの。ロゴのワンポイントでパーカーやTシャツをつくっても、あるいは動画上でも、ちゃんと識別できるくらいシンプルで、近くで見ても遠くから見ても、ロゴの見え方や印象が変わらないことを重視していました。

そのすべてにマッチしたのが現在のロゴです。内側に配置されているのが、宝結びという紋で、永久の繁栄や長寿、多幸などを願う意味があるそうです。農園の名前にも「宝」という文字が入っているので相性もバッチリ。どこか田んぼのように見える形も含めて、ここに僕の思いのすべてが込められているものになりました。今となっては、こだわって良かったと心から思います。

利休宝園

完成した利休宝園のロゴ

経営改善は一朝一夕にはいかない お米需要の浮沈が不安の種

大半の場合、つくったお米は農協や卸業者に出荷して、その分の収入が10〜12月に入ってきます。そのお金で、農業にかかった諸経費の支払いをしていくような流れになります。

しかしながら、農家が自分でつくったお米を通年で、あるいは数カ月に一度の間隔で売ろうと思ったら、お金が回らなくなってしまいます。特に、僕の家はもともと収入よりも支払いのほうが多く、人件費や生活費も加味して試算しても赤字だったので、どう考えても支払いのお金が足りないことがわかっていました。

お金を工面しなければいけないということで、いろいろと悩んでいたときに、4年くらいの付き合いになる会社経営の先輩が、お酒の席で「1000万くらいなら貸すよ」と言ってくれたので、お願いしていました。ただ、大きなお金を動かすのは簡単ではないということでした。先輩もいろいろな方に相談してくださいました。そのなかで、税理士の方に言われたのは、僕のSNSの知名度や農業経営のビジョン、金銭状況が明確なため、銀行の融資を受けられるだろうということでした。

それを聞いたのが直販を始める1カ月前。そこから銀行融資の申請をしても、ギリギリ間に合うかどうかという状況でした。僕自身、お金の調達を甘く見ていたところがあって、動き出しの遅さがこの事態を招いてしまっていました。

どうしようかと思案していたところ、僕がお米の直販に使った通販サイト（※）は、最短で7日後くらいに売上が入金されるため、なんとかいろいろなお金を工面することができたのでした。

とはいえ、支払いが綱渡りの状態であることに変わりはありません。今後のプランとしてパックご飯をやろうと思っていて、その加工のためにも資金が必要なことから、銀行融資について手続きを進めているところです。

2024年はお米の値段が高くなりました。スーパーで販売されている新米の店頭価格は5キロで1000～1500円ほど上昇しています。

相場から思いきり外れた米価になってしまったため、お米の値段をどのように考えたらいいのか、本当にわかりませんでした。地元の農家さんで、販売にも力を入れている農業法人の方と話すと「売れているのは怖いことだ」とおっしゃっていました。今売れている

※僕がお米を販売するためのサイトの基盤にしたのは、Shopify（ショッピファイ）。世界最大級で200万以上のショップが導入しているそうです。

のは、お米の需要が高いからであって、自分たちのお米や販売形態が評価されて売れているわけではない、と。

もし今の状況が終息して、需要と供給のバランスがトントンくらいになったときにも売れるかどうか、お米の値段が下がるのではないか、といろいろな懸念点は拭えません。今の状態が続くわけではないことを肝に銘じて、今後もやっていかないといけないね、ということはよく話しています。

急激に良くなった状態というのは、この後、急激に落ちる可能性がある状態だと僕は思っています。新型コロナウイルスの感染が拡大した当初も、マスクの売上がグンと上がったわけですが、結局、コロナが落ち着いてきたら売上は低下しました。お米においても、そういう状況がこれから先にないとも限らないのです。

一時的な問題によって上がった売上は、結局、それが解決された瞬間に下がる可能性があるのです。その点は本当に不安視しているポイントです。だからこそ、今後も引き続きSNSに力を入れていこうと思っています。

僕に限らず、農家さんのSNSによくくるコメントが「規模を拡大してください」「販路をつくったらいいじゃないですか」といった内容です。しかしながら、一般の方が見ている「こうしたらいいじゃないですか」という世界線と、農家が「本当はこうしたい」という世界線は、難易度が一致していないことが多く、実現するのは簡単ではないと、1年やってみて気づきました。

規模を拡大するのも、簡単なことではありません。最近では、本当に努力されて長く生産していらっしゃる30代、40代の農家さんのもとにはかなりの面積が集まっていますが、ようやく農業2年目の僕が、来年には農地面積を2倍にできるかといったら難しいです。

販路をつくるのにしても同様です。僕はSNSが伸びたことで、1年目からある程度形になってしまった部分はありますが、少しずつ拡大していって、最低でも5年以上の販売努力が必要というのが農家としての見解です。

おわりに

日本の食を守るために

3年以内に年商1億円を目指したい。

2024年8月にインターネットニュース番組『ABEMA Prime』に出演させていただいたときに共演した、ネギ農家の山﨑康浩さんが就農2年目に年商1億円を突破されたと聞き、「それなら僕も」と奮起しました。

元JA職員という山﨑さんに対して、僕は農業経験も流通関係の知識も浅いですし、農地や販路を拡大していくにはしがらみもあったので、2年目で達成するのは難しいかもしれないけど、もう少し時間があれば……と決めたのが、冒頭の目標です。

売上や数字がすべてではありません。でも、赤字経営からのスタートということもあり、農業を〝ボランティア〟ではなく〝仕事〟として捉えていく意味でも、売上意識はしっかり持ちたいと思っています。また、売上や数字は、どれだけの人に価値のあるサービスができているかを表すものでもあると考えています。「農業は儲からない」「儲けを考えたらやらないほうがいい」「農家はボランティアだ」。こうした考えを払拭していきたいからこそ、僕は売上意識も大事だと思っているのです。

それでもまだ無謀と思われるかもしれませんが、「農業経験が足りないと稼げない」という固定観念を破壊して、米農家はやり方次第では数年で実績を残せる職業であることを証明したい、そんな気持ちもありました。そしてそれが、若い世代、さらにはその次の世代が農業に参入するきっかけになればいいなと思いましたし、「俺だってまだまだ現役だぞ」と40代、50代の農業従事者の方々に気張ってもらえれば、日本の食のあり方が変わるのではないか、という期待もありました。

そう思っていたのですが、2025年の2期目には、年商1億円に行けそうな見込みがたちました。正式に農業法人を設立し、地元の農家さんと一緒にやっていくことを決めたからです。わが家の農地がおよそ8ヘクタール、パートナーの農家さんの農地がおよそ23ヘクタール。1期目の約4倍の農地で米づくりができるようになりました。面積が増えただけでなく、これまでよりも人手をかけて米づくりをすることができます。なおかつ栽培のガイドラインを合わせることにより、今までつくってきたじいちゃんの味を守りながらも、それを大きく展開させられる用意が整ったのです。

年商1億は、やり方次第で目指していけそうな数字ではありますが、決して簡単にクリアできるものではありません。けれども、ちょっとスべったとしてもそれなりの結果になるくらいの高い目標を持つことが大事だという思いで、掲げています。

僕は基本的に野菜や加工品といった〝食〟でブランドを目指したいと思っているのですが、一緒に組む方はサステイナブルに着目しています。古米や精米時に割れてしまった砕米、米粉、資源米などをプラスチックに混ぜた、お米由来のバイオマスレジン・バイオマスプラスチックのような、〝食以外のお米のあり方〟を探求していくブランドを目指したいと考えているのです。

僕は自分がつくったお米ではなく、じいちゃんのお米を後世まで続く有名なものにしたいと願っています。じいちゃんは農業でかなり苦労をしてきました。経営もお金の管理も不得意で、大雑把なじいちゃんですが、それでも60年間、お米をつくり続けてきた努力の人です。米づくりに人生をかけてきたじいちゃんの生きた証を残したい。そして、じいちゃんの生涯と僕の挑戦をきっかけに、農業に興味を持っていただく機会をつくりたいのです。ただ売るだけではなく、その背景にあるものも一緒に届けたお米には、それ以上の価値があると信じています。

新しい挑戦というのは、今までの自分とさよならすることでもあると思っています。僕であれば、農業をしないために努力してきた自分とさよならして、農業に飛び込む。これは本当に勇気がいることで、今までの自分を否定することにもなります。でも、どこか現状に満足していないということは、何かを変えなければ満足はできないということではないかなと思っています。自分のこれからの人生のために、何歳からでも挑戦あるのみ。そして、挑戦した段階では、その選択が正解か不正解かはわからないので、その選択が正解になるように精いっぱい努力するだけだと思っています。

僕は完璧な人間ではありません。欠陥だらけの人間だからこそ、これからの人生もたくさん迷いますし、たくさん傷つくと思います。でも、傷つき、迷った数だけ、人は強くなり、他人を守る力を得ることができます。無傷でも、成長することはあるかもしれませんが、強く、優しくはなれません。たくさん失敗して、傷つく自分を誇れる人間でありたいと思っています。

うまくいくことには必ずしも理由があるわけではなく、運もあります。例えば、僕のSNSが伸びたのは、決して戦略だけではありません。ただ、うまくいくための運をつかむ準備を、常日頃からできているかどうかが大事です。努力なくして、運をつかみ取ることはできないのです。逆に、うまくいかない場合には必ず理由があります。僕はこれからも、失敗から学ぶことを大切にしていきます。

世の中は、頑張ったから報われるというように、うまくいく世界ではないと思っています。間違った行動や選択を何年続けようと、それはうまくいく結果にはなりません。世の中は無情で残酷。だからこそ、僕の根本は悲観的であり、最悪のパターンを常に想定しています。理想の数だけ現実を見る、もっといえば理想以上に現実を見るのです。

僕は普段からSNSで発信することで、姿を見ていただき、認知していただいているわけですが、SNSは生鮮食品のように寿命が短く、投稿しなくなればすぐに忘れ去られていきますし、投稿していたとしても見られなくなっていく可能性が十分にあるものだと思っています。

SNSのように限られた文章量の発信では、すべてを伝えることが難しい。そのため、笑顔で楽しい雰囲気の動画を発信していれば、楽観的で物事を軽く考えながら生きているように見えてしまいがちです。でも、笑顔の裏側には、不安なことやつらいこともたくさんあります。僕は、挑戦して失敗した先にある最悪な状況を常に想定しているからこそ、不安なことやつらいことを小さく感じられています。僕がポジティブに物事を考えられるのは、最悪の想定が基準にあり、普段の状態がとても良いように見えているからではないかと自己分析しています。

本書は、あくまで僕の考え方であり、これを強要したいというわけではありません。100人いれば100人分の考え方があり、そのどれもが見方によっては正解です。僕の考えや行動に関して、納得できなかった部分もきっとあると思いますが、もし何かしら感じるものがあったならうれしく思います。

皆様には、SNSで発信されている内容を決して鵜呑みにしないでいただきたいということもお伝えしたいです。もちろん、僕は間違った情報を伝えないように細心の注意を払っていますが、それでも間違えることはあるかもしれません。そのため、僕の発信もすべてを鵜呑みにしないでほしいですが、それ以上に、周りの発信者の情報も、しっかりとしたデータに基づいた信憑性の高い情報なのか、丁寧に判断してほしいです。

例えば、本書でも触れた農協の話や農薬の話。あるいは秋田県で開発された、土壌中のカドミウムをほとんど吸収しないという新品種・あきたこまちRの話。さらには国政の話など、ちまたにはデマ情報があふれ返っています。それは、発信者側が再生数をとるための戦略でもありますし、一部の方にとっては都合の良い情報にすぎない可能性があるということを、あらためて意識していただけたらと思います。

SNSの発信を楽しみにしてくださっている方がいることは、本当にありがたいことです。けれども、僕のメインの事業は農業。農業を頑張ることが大前提で、その様子を発信する構図になっているので、SNSが動いていないからといって何もしていないわけではありません。今、この瞬間も僕は、一般の方から見ても理想の農業者になるべく挑戦を続けていますし、発信もしていくつもりです。

農業を盛り上げようと挑戦している人が日本にいるということを、お米を食べながら、時々でいいので思い出していただけたらと思います。そして米利休を思い出したときは、ぜひSNSで僕の近況を見てやってください。

人生は、与えることでより多くを得ることができます。誰かに教えるときが一番学んでいる。誰かに感謝されているときが一番生きがいを感じられる。誰かを喜ばせるときこそ、誰よりも自分が喜んでいる――そう考えると、農業は日本の食を支えるという大きな社会貢献にもなる、本当に素晴らしい仕事です。もちろん多くの仕事は社会貢献になっているのですが、人間が生きるために最も必要な食を支えるという点では、間違いなく人の役に立てる仕事だと思うのです。

日本の農家の平均年齢は68歳。このままでは近い将来、日本の農業は廃れていってしまいます。日本の食を守り、自給自足していくためには、若い世代の農家、生産者の存在がこれから絶対に必要です。本書を最後まで読んでくださった皆様には、ぜひ若手の農業参入の背中をグッと押していただけたならうれしいです。

東大卒、じいちゃんの田んぼを継ぐ
廃業寸前ギリギリ農家の人生を賭けた挑戦

2025年3月26日　初版発行

著　　者　米利休
発 行 者　山下直久
発　　行　株式会社KADOKAWA
〒102-8177　東京都千代田区富士見2-13-3
電話 0570-002-301（ナビダイヤル）
印刷・製本　株式会社リーブルテック

〔お問い合わせ〕
https://www.kadokawa.co.jp/（「お問い合わせ」へお進みください）
※内容によっては、お答えできない場合があります。
※サポートは日本国内のみとさせていただきます。
※Japanese text only

定価はカバーに表示してあります。

ISBN 978-4-04-607382-2　C0095